贵州晴隆沙子锐钛矿矿床成因机制

聂爱国　张　敏　张竹如　著

科学出版社

北　京

内 容 简 介

自然界中形成的独立锐钛矿矿床稀少，作者通过多年研究，首次发现在贵州晴隆沙子地区于峨眉山玄武岩风化成土中形成的大型锐钛矿矿床。本书剖析晴隆沙子锐钛矿矿床形成区域的地质背景、矿床地质特征、成矿地质条件、矿床成因机制、初建成矿模型，并与贵州西部红土型金矿的成矿进行对比，进一步阐述其成矿特殊性。这一研究成果对拓展贵州西部矿床新类型、新矿种或新找矿区具有指导意义，有利于矿业开发。同时，这一研究成果将影响和改变贵州西部峨眉山玄武岩成矿的现有评价，具有重要的理论价值和现实意义。

本书可供矿床学、岩石学、地球化学、成矿预测等相关专业的高等院校师生、地质工作者和相关科研人员阅读和参考。

图书在版编目 (CIP) 数据

贵州晴隆沙子锐钛矿矿床成因机制/聂爱国，张敏，张竹如
著.—北京：科学出版社，2015.10

ISBN 978-7-03-045943-5

Ⅰ.①贵…　Ⅱ.①聂…　②张…　③张…　Ⅲ.①锐钛矿–矿床
成因–贵州省　Ⅳ.①P618.470.1

中国版本图书馆 CIP 数据核字 (2015) 第 234234 号

责任编辑：韩卫军 / 责任校对：王　翔
责任印刷：余少力 / 封面设计：墨创文化

科 学 出 版 社 出版
北京东黄城根北街 16 号
邮政编码：100717
http://www.sciencep.com

成都创新包装印刷厂印刷
科学出版社发行　各地新华书店经销

*

2015 年 10 月第 一 版　　开本：787×1092　1/16
2015 年 10 月第一次印刷　　印张：7
字数：170 千字
定价：**65.00 元**

本书获得
国家自然科学基金项目（41262005）
贵州理工学院高层次人才科研启动经费项目（XJGC20140702）
资助出版

前　言

2007~2008年，聂爱国、张竹如教授受贵州鑫亚矿业有限公司委托在贵州西部的晴隆县沙子镇一带约 10km² 范围内进行金矿普查，通过地表、钻探及系统采样，发现晴隆县沙子勘查区内仅见微弱的金矿化，圈不出金矿体。通过矿石工艺学等一系列综合研究，在该勘查区中发现了锐钛矿，初步推测锐钛矿资源量较可观，于2009年将该矿转入详查。2013年完成了该勘查区的详查及选矿试验研究工作，得出该矿床为大型锐钛矿矿床。晴隆沙子钛矿床工业上可利用的矿物为锐钛矿（TiO₂），矿石量为两千多万吨，TiO₂ 资源量一百多万吨，TiO₂ 平均品位为4.39%。

自然界中形成的独立锐钛矿矿床很少。在国外，1986年Turner介绍在巴西塔皮拉（Tapira）等地发现超大型锐钛矿矿床，其为一富含钙钛矿和榍石的碱性辉石岩经深度风化后形成；2007年Hebert等对加拿大魁北克阿巴拉契亚山的早寒武世沉积古砂矿床做研究，发现其中含有较多金红石和锐钛矿，但研究人员强调：其中的锐钛矿是原来沉积的钛铁矿矿层经过古风化淋滤的结果，而金红石则是后期变质作用的产物。在国内，目前仅在内蒙古羊蹄子山一带发现独立锐钛矿矿床，其属于热液型和沉积变质型，与贵州晴隆沙子富钪锐钛矿矿床形成的地质条件不同。因此，需对锐钛矿矿物在研究区富集成矿规律进行针对性研究。

晴隆沙子锐钛矿矿床产于峨眉山玄武岩风化残坡积土中，国内外鲜有类似矿床报道，该矿床属于新类型，研究工作刚开始，可借鉴研究成果很少。"贵州首次发现钛矿床——晴隆沙子大型锐钛矿矿床成因机制研究"项目，旨在探讨锐钛矿矿床成矿条件、矿床成因及初建成矿模型，为拓展贵州西部矿床新类型、新矿种或新找矿区作指导，利于矿业开发。

锐钛矿矿床的发现及成因是矿床学领域的研究前沿。因此，开展对贵州晴隆沙子锐钛矿矿床成因机制研究具有重大理论价值和现实意义：其一，峨眉山玄武岩风化残坡积土壤中发现锐钛矿矿床，在贵州属于首次发现，结束了贵州省没有钛矿资源的历史；其二，首次在贵州发现大型残坡积型锐钛矿矿床，这种成因类型的锐钛矿矿床在中国也属于首次发现；其三，对于重新评价贵州西部的矿产资源具有重大现实意义；其四，对我国及世界锐钛矿资源及成因研究有一定贡献。

在对该区锐钛矿矿床进行研究过程中，笔者2012年获得国家自然科学基金项目"贵州首次发现钛矿床——晴隆沙子大型锐钛矿矿床成因机制研究"（41262005）资助；2014年又获得贵州理工学院高层次人才科研启动经费项目"峨眉地幔热柱活动形成贵州西部相关典型矿床成因机制研究"（XJGC20140702）资助，这使得相关研究得以完成并促成本书出版。

本书内容构思、章节安排以及第 1 章、第 6 章、第 7 章、第 9 章由聂爱国完成；第 2 章、第 3 章、第 4 章由张敏完成；第 5 章、第 8 章由张竹如完成。

为完成本项研究工作，贵州鑫亚矿业有限公司的洪志总经理在矿山勘查过程中提供了业务辅助；我的研究生：李俊海、梅世全、郑绿林、张守义、张双菊、亢庚、田亚洲、祝明金等参与了野外地质调查工作。在此一并致谢！

聂爱国

2015 年 6 月 8 日于贵阳

目　　录

第1章 绪　　论

1.1　发现过程及研究意义

2007~2008 年，聂爱国、张竹如教授受贵州鑫亚矿业有限公司委托在贵州西部的晴隆县沙子镇一带约 10km² 范围内进行金矿普查，通过地表、钻探及系统采样，发现晴隆县沙子勘查区内仅见微弱的金矿化，圈不出金矿体。通过矿石工艺学等一系列综合研究，在该勘查区中发现锐钛矿，初步推测锐钛矿资源量较可观，于2009 年将该矿转入详查。2013 年完成了该勘查区的详查及选矿试验研究工作，得出该矿床为大型锐钛矿矿床。晴隆沙子钛矿床工业上可利用的矿物为锐钛矿（TiO_2），矿石量为两千多万吨，TiO_2 资源量一百多万吨，TiO_2 平均品位为 4.39%。

自然界常见的含钛矿物主要为钛铁矿和金红石，锐钛矿与金红石呈同质多象，是自然界不常见的含钛独立矿物。锐钛矿作为副矿物广布于结晶岩中，或作为榍石、钛铁矿、钛磁铁矿等蚀变的产物。锐钛矿的其他物理性质、产出条件和用途都与金红石相似，但不如金红石稳定，故远比金红石少见。独立锐钛矿矿床在国内外的报道也不多见，针对锐钛矿独立矿床成因的研究也相对较少。

2007 年开始，贵州晴隆沙子锐钛矿矿床经普查、详查、矿物工艺学研究、矿石选矿工艺试验及研究获得以下成果：①晴隆沙子锐钛矿矿床在工业上可利用的矿物为锐钛矿（TiO_2），工业上可利用的伴生元素为钪（Sc），该矿床矿石量为两千多万吨，TiO_2 资源量为一百多万吨，TiO_2 平均品位为 4.39%，为一大型锐钛矿矿床。②晴隆沙子锐钛矿原矿石采用"焙烧—酸浸—碱浸"处理，可得到 TiO_2 品位为 42.32% 的锐钛矿，回收率为 83.16%，TiO_2 品位为 42.32% 的锐钛矿可以作为精矿产品销售；用萃取可获氧化钪为 99.99% 的产品，钪的浸出率为 90%；还可以对溶出的铁、铝、硅进行综合回收利用，生产铁红和聚硅酸铝盐（PSA）混凝剂副产品。

锐钛矿的化学处理富集、氧化钪的提取，以及进一步制备铁红和聚硅酸铝盐（PSA）混凝剂的产品，成为不可多得的建设"绿色矿山"的资源。

近年来，通过对地球深部构造的深入研究，已证实广布在中国西南地区的峨眉山玄武岩是目前国际地学界公认的我国唯一的大火成岩省。该大火成岩省不仅规模巨大、组成特殊，而且形成机理复杂（侯增谦等，1999；聂爱国等，2007）。该大火成岩省的活动既不同于正常的洋底扩张过程，又有别于陆内拉张或裂陷，而是与特殊的地幔动力作用过程——峨眉地幔热柱活动有关。峨眉地幔热柱活动是目前被世界所公认的少数几个地幔热柱活动之一。正是由于峨眉地幔热柱的强烈活动，形成了贵州西部丰富的峨眉山玄武岩和与其相关的矿产资源。本书研究的贵州晴隆沙子锐钛矿矿床产于峨眉山玄武岩底部中二叠世茅口灰岩顶部喀斯特洼地的风化红土中，它与峨眉地幔热柱活动形成的峨眉山玄武岩有着必然的联系。

贵州西部在峨眉山玄武岩底部茅口灰岩顶部喀斯特洼地的红色黏土中已探明和开采的大、中、小型金矿床有数十个，知名的有老万场金矿、豹子洞金矿、砂锅厂金矿等。这些矿床中以富集金为主，钛含量不高，未见有钛矿床的报道（王砚耕等，2003），与其地质背景条件相似的晴隆沙子地区形成的却是锐钛矿矿床。锐钛矿的富集是受什么样的地质条件控制？为什么贵州西部会出现以锐钛矿为含钛矿物的大规模钛矿床，同时还富含钪，它的形成地质背景、控矿条件、形成机制如何？这些问题都需要深入研究，而且对增补峨眉地幔热柱复杂成矿系列具重要的矿床学理论价值。

由于该矿床分布于地表及浅部，开采条件简单；又由于选冶结果显示，矿石中锐钛矿可选，钪元素可提取并可同时生产一系列副产品，所以能较好地满足建设"绿色矿山"的条件，为拓展贵州矿业具重要现实意义。锐钛矿在新兴材料及广阔领域的应用已成为矿产品的新军，颇受青睐，本书研究为指导贵州西部锐钛矿的找矿具有重要的指导意义。

1.2　区域研究现状

1.2.1　研究区历史

研究区位于黔西南地区，该地区包括晴隆县、盘县、普安县、兴仁县、安龙县、册亨县、贞丰县、望谟县、紫云苗族布依族自治县，计有金、汞、锑、砷、锰、铜、铅、锌、铝、硫、煤、石灰石等矿产产出，尤其是金矿，数个大型、特大型金矿在这一地区被探明及开采，成为中国金矿床又一密集分布区，是我国重要矿产基地之一。

黔西南地区开展地质研究工作的历史较早，从 20 世纪初即已有人涉足，近百年来区内开展了多次大规模的矿产普查勘探、区域地质测量、石油地质调查及有关地层、构造、矿产的专题研究。黔西南微细粒浸染型金矿研究是从 1978 年贵州省地质矿产局 112 地质大队在晴隆大厂锑矿床中发现金矿化后开始；贵州区调队（108 队）在册亨板其细碎屑岩及黏土岩中首次发现金异常，1979 年 117 地质大队对册亨板其地区进行了检查，继而转入普查、勘探工作，与此同时又相继发现了丫他、戈塘等金矿（李文亢等，1988）。贵州省地质局 112 地质队、108 地质队、117地质队、105 地质队、109 地质队等先后发现了板其、丫他、戈塘、老万场、紫木凼、烂泥沟、水银洞等近 50 个特大型、大型、中小型金矿（点），该区成为中国卡林型金矿（微细粒金矿）及红土型金矿的重要矿产地之一，并成为全国矿床地质研究的热点。随着研究工作的深入，发现区内众多矿种及多个特大型、大型金矿的成因可能与峨眉山玄武岩喷发活动有关，贵州西部铜矿、铅锌矿、锑矿、汞矿、砷矿、铊矿成因等也与峨眉山玄武岩喷发活动有关，进而深入探究峨眉地幔热柱与区域成矿关系成为热点（毛德明等，1992；高振敏等，2004；汪云亮等，1999；徐义刚等，2001，2002，2003；宋谢炎等，2001，2002；聂爱国等，2007，2009；刘远辉，2006；王砚耕等，2003；王伟等，2006；黄智龙等，2001；张正伟等，2004）。

1. 区域地质矿产调查

1979~1980 年贵州省地质矿产局区调队在研究区进行了 1∶200000 兴仁幅区域地质调查。1981~1984 年贵州省地质矿产局区调队在该区进行了 1∶50000 青山镇、碧痕营、百屯三幅区调联测；1980~1987 年贵州省地质矿产局地球物理地球化学勘查院在该区开展 1∶200000、1∶50000 水系沉积物地球化学测量、1∶10000 土壤测量及1∶200000 区域重力调查。1992 年贵州省地质矿产局地球物理地球化学勘查院在本研究区南二十余公里处发现老万场金矿，并开展普查找矿地质工作；1995~1999 年研究区矿产调查被原地质矿产部列为部管项目，由贵州省地质矿产局地球物理地球化学勘查院进行地质勘探工作，1999 年年底提交《贵州省晴隆县老万场金详查区普查地质报告》，以上勘查成果初步查明了详查区内的地层、岩性、构造及矿体赋存部位，详细查明了详查区内矿体形态规模、厚度、矿石结构构造，大致查明了矿床水文地质、工程地质、环境地质及矿床开采条件，为研究区提供了翔实的基础资料。

2. 黔西南地区相关专题研究

1988 年沈阳地质矿产研究所主编了《中国金矿主要类型区域成矿条件文集6——黔西南地区》，该文集中有：①中国地质科学院沈阳地质矿产研究所李文亢、姜信顺、具然弘等专家对黔西南微细金矿床地质特征及成矿作用的研究；②郑启铃、张明发、陈代金等专家对黔西南微细金控矿条件研究（李文亢等，1988；郑启玲等，1989）。这些研究已讨论了峨眉山玄武岩喷发作用、贵州西部复杂的古地理环境及形成富金矿源层的关系等。

贵州省地质局王砚耕、陈履安、韩至钧、冯济舟、刘远辉、郭振春、陶平、刘建中等对贵州板其、丫他、戈塘、老万场、紫木凼、烂泥沟、水银洞等数十个特大型、大型及中小型金矿作了深入研究，相继发表论文及出版专著若干，对贵州西南地区地质背景等多方面研究取得重要进展。比较突出的有：①韩至均、王砚耕等将控制黔西南金矿含金建造分为赖子山赋金层序（位于右江造山带，以三叠系为主，控制烂泥沟、丫他、板其等金矿沉积建造）和龙头山赋金层序（位于扬子陆块，为上二叠统–下三叠统，控制泥堡、水银洞、紫木凼、戈塘和雄武等金矿沉积建造）（韩至均等，1999）；②陶平、杜芳应、杜昌乾等提出黔西南乃至滇黔桂峨眉山玄武岩及凝灰岩分布区是泥堡金矿床类型主要控制因素（陶平等，2004，2005）；③林草鹰通过对龙潭组底部大厂层 10 个地区共 2260 件样品分析，得出金含量为 $0.01×10^{-6}$~$0.8×10^{-6}$，认为上二叠统早期晴隆大厂–兴仁南–兴义西为局限海环境，利于火山活动带来成矿物质初始富集，形成矿源层（林草鹰，1996）。中国科学院地球化学研究所长期以来对中国滇黔地区重要矿集区进行了大量的研究工作，对研究区内的玄武岩、卡林型金矿、红色黏土型金矿成矿作用及找矿远景预测有较重要的理论指导意义。比如：刘显凡、苏文超、朱赖民等研究认为，黔西南低温成矿域中产于二叠系–三叠系不同层位不同类型的金矿是受深大断裂和深源流体统一制约，并伴随深源流体改造叠加成矿（刘显凡等，1999，2003）。朱赖民、胡瑞忠、刘显凡等通过铅、硫、氢、氧等同位素研究，认为成矿物质来源于深源流体及地层岩石（朱赖民等，1997）。张成江、刘家铎、刘显凡等通过峨眉山大火成岩省研究提出峨眉山火成岩对区内金矿起着非常重要的控制作用（张成江等，2004），与此相同认识的有高振敏、李红阳等（高振敏等，2002）。近年，刘家军、刘建明等通过对岩石、硅质岩、稀土元素研究，认为黔西南微细粒浸染型金矿床属喷流沉积成因（刘家军等，2005）。

杨瑞东对晚二叠世龙潭组硅质岩的微量元素、稀土元素、氧同位素等进行了研究，认为硅质岩具热水沉积特征，可能与火山活动有关（杨瑞东，1990）。张竹如、沈文杰等系统研究了水银洞金矿含矿建造，认为上二叠统龙潭组含较多玄武质等凝灰物质，当凝灰物质及生物碎屑灰岩同步增多时，是水银洞金矿的容矿围岩（张竹如等，2004；沈文杰等，2005）；张竹如曾在黔西南台地相区的潘家庄煤矿（龙潭组）的碳酸盐夹层中采到贫金矿石；不谋而合，郭振春指出在黔西南台地相区的龙潭组地层中有多层产出的层间型矿体，并建议应积极探索龙潭组地层中层间型金矿体存在的可能性（张竹如等，2004；沈文杰等，2005；郭振春等，2002，2006）。

纵观以上各生产及研究部门的工作和研究成果，其地质基础资料齐全、厚实，地质研究程度较深，为本书提供了丰富的基础资料。

1.2.2　研究区现状

近年来，侯增谦、聂爱国、秦德先等通过对地球深部构造的深入研究，已证实广布在中国西南地区的峨眉山玄武岩是目前国际地学界公认的我国唯一的大火成岩省。该大火成岩省不仅规模巨大、组成特殊，而且形成机理复杂。它的活动既不同于正常的洋底扩张过程，又有别于陆内拉张或裂陷，而与特殊的地幔动力作用过程——峨眉地幔热柱活动有关。峨眉地幔热柱活动是目前被世界所公认的少数几个地幔热柱活动之一。正是由于峨眉地幔热柱的强烈活动，形成了贵州西部与峨眉山玄武岩有关的丰富矿产资源。

截至目前，黔西南地区发现金矿床（点）近 50 个，晴隆老万场红土型金矿开采金金属量已达 40t 以上。王砚耕、陈履安、李兴中、王立亭等详细总结了贵州西部红土型金矿成矿地质背景、红土型金矿矿床地质特征、矿床地球化学特征、矿床的物质组成与金的赋存状态、成矿控制条件及成矿模式，这对红土型金矿形成理论及找矿有重要的指导意义。其对贵州西部红土型金矿矿床形成条件得出以下结论。

1. 富金的矿源岩

红土型金矿的形成有富金的矿源岩：即中二叠世末期至晚二叠世早期火山喷发，在中二叠世茅口灰岩古喀斯特面上沉积峨眉山玄武岩第一段黏土化玄武质火山角砾-火山碎屑岩-凝灰岩茅口灰岩顶部含金硅化角砾岩；形成富金的矿源岩具 Au-Ag-As-Sb-Hg-Tl 组合。

2. 特殊的古喀斯特

该类金矿床发育在中二叠世茅口灰岩古喀斯特侵蚀面上，古喀斯特侵蚀面上的微型洼地形状复杂，深数米至近百米。其中有富金的矿源岩残存。

3. 在表生带常温常压下水-岩反应

大气降水、地表水、地下水等与古喀斯特侵蚀面微型洼地中富金的矿源岩发生氧化、水解、淋滤等水-岩反应，经过第四纪漫长演化，形成红土，金从矿源岩中游离出来被红土吸附并富集形成矿床。贵州西南部多个红土型金矿矿床开采至今有数十年，截至目前，在区内未见地质生产和研究部门报道这类金矿床中有共（伴）生矿产。

而本书研究的锐钛矿同样产于中二叠世末期至晚二叠世早期火山喷发，在中二叠世茅口灰岩古喀斯特面上沉积峨眉山玄武岩第一段黏土化玄武质火山角砾-火山碎屑岩-凝灰岩茅口灰岩顶部含金硅化角砾岩风化残坡积红土中，在晴隆沙子一带仅见现研究的沙子富钪锐钛矿矿床，未见红土型金矿床。

1.2.3　锐钛矿研究现状

1. 锐钛矿及用途

在自然界中，TiO_2 有三个同质多象变体：锐钛矿、金红石和板钛矿，其中以金红石分布最广，而锐钛矿和板钛矿却很少见。锐钛矿作为副矿物广布于结晶岩中，或作为榍石、钛铁矿、钛磁铁矿等蚀变的产物。锐钛矿的其他物理性质、产出条件和用途等都与金红石相似，而且锐钛矿本身还可以蚀变成金红石，但不如金红石稳定，故在自然界中远比金红石少见。锐钛矿是与金红石呈同质多象但不常见的含钛独立矿物，自然界更少见以锐钛矿为独立矿物形成的钛矿床。锐钛矿是在低温低压的条件下形成（Винчелл ИДР，1953；Doucet，1967；赵一鸣等，2012），而金红石是高温高压环境下的产物（赵一鸣等，2012；Goldsmith，1978；Force，1991）。锐钛矿只有在低温低压环境及弱碱性介质中才能形成，而板钛矿仅在 Na_2O 含量较高的碱性介质中才处于稳定状态（陈武等，1985）。

我国钛矿资源的地质勘查主要是在 20 世纪 50~60 年代进行的，并相继投入开发。我国钛矿资源的深加工利用（钛白、焊条涂料、海绵钛、钛金属、钛材等），则是在 1954 年由北京有色金属研究院研制海绵钛开始，1958 年沈阳有色金属加工厂建成海绵钛及钛材加工车间投产，60 年代末开始形成钛工业体系（生产海绵钛、钛材等多种产品），至 1997 年，我国钛工业已形成矿山—冶炼—加工和科研—设计—生产—应用相互关联、比较完整的体系。我国是世界上钛精矿、锻轧钛、钛制品、钛氧化物和锐钛矿型钛白颜料的出口国之一。

自然界中含钛的矿物有 70 多种，工业上可利用的有：

(1) 金红石（TiO_2）。含 TiO_2 90%~99%，变种矿物：锐钛矿（TiO_2）及板钛矿（TiO_2）；

(2) 钛铁矿（$FeTiO_3$）。含 TiO_2 43.64%~48.83%，含 Fe 36.8%；

(3) 含钛磁铁矿（Fe，Ti）$_3O_4$。含 TiO_2 12%~16%。

2.锐钛矿的用途

锐钛矿、金红石、板钛矿及钛铁矿共同构成了当今世界钛工业生产的主要原料。钛原料主要用于提炼金属钛（海绵钛）及生产含钛钢和钛白粉等，据全球矿权网 2007 年统计，中国用于生产钛白粉、金属钛和含钛钢的钛原料比例分别为 88%、10%和 2%。

锐钛矿是生产钛白粉主要原料。不同原料、不同用途、不同等级的钛产品价格差异很大，其中锐钛矿型纳米材料的生产附加值最高。钛白粉是 TiO_2 的俗称，应用领域非常广泛，是涂料、塑料、油墨、纸张、化纤、日化、医药、食品等行业生产不可缺少的重要原料，因此钛白粉的生产备受重视，钛白粉消耗总量也成为社会消费水平的重要参考标志。中国目前的钛白粉生产量仅次于美国，近年钛白粉的产量呈逐年上升的趋势，2003~2006 年，我国钛白粉的年产量分别为 43 万 t、60 万 t、70 万 t、86 万 t，至 2007 年上升为 100 万 t。目前世界消费的钛白粉近 60%用于涂料，16%用于塑料，14%用于造纸，3%用于印刷油墨，7%用于其他（包括橡胶、化妆品、医药、搪瓷和化纤等）。涂料是钛白粉的主要用途。TiO_2是世界上最白的物质，$1g\ TiO_2$可以把$450cm^2$的墙壁涂得雪白，是调制白油漆的最好颜料。钛白粉还是塑钢不透明的着色剂，被大量用于塑钢型材制造业。当其掺入塑料制品时，可有效地散射可见光而赋予白度、亮度和不透明度。造纸用钛白粉一般使用未经表面处理的锐钛矿型钛白粉，可以起到荧光增白剂的作用，增加纸张的白度。TiO_2加在纸里使纸变得薄而不透明，强度增大，钞票纸和美术品用纸都要加入TiO_2。

化纤用钛白粉可以使人造丝光泽柔和，使透明的纤维永久性消光，并提高韧性。在化纤消光中为避免磨损喷丝孔应采用较软的锐钛矿型钛白粉。钛白粉在橡胶上的应用主要为汽车轮胎以及胶鞋、橡胶地板、手套、运动器材等，一般以锐钛矿型钛白粉为主。白色和彩色橡胶制品中加入钛白粉，可以耐日晒、耐酸碱、不开裂、不变色，而且伸展率极大。含钛白粉的油墨耐久不变色，表面润湿性好，易于分散。由于钛白粉无毒，远比铅白优越，各种香粉几乎都用钛白粉来代替铅白和锌白。香粉中只需加5%~8%的钛白粉就可以得到永久白色。化妆品用钛白粉有金红石型也有锐钛矿型。锐钛矿的神奇之处在于它是一种允许使用的食用色素。食品和医药用的钛白粉要求纯度高，重金属含量低，遮盖力强。

20世纪90年代，随着纳米技术的诞生，以锐钛矿和金红石为原料的纳米TiO_2光触媒（触媒即催化剂的俗称。TiO_2因为具有强大的氧化还原能力，较高的化学稳定性及无毒的特性，常用作光催化剂）材料产业越来越受到世界各国的普遍重视，锐钛矿及其同质异象金红石矿属于中国严重短缺矿种，它可以生产高纯度钛白粉和提炼金属钛，国内需求量很大。

最新研究表明，锐钛矿在纳米光触媒领域中优于金红石（高学东等，2008）。TiO_2因为具有强大的氧化还原能力、化学稳定性高及无毒的特性，常用作光催化剂。TiO_2的3种晶体结构中只有锐钛矿结构和金红石结构具有光催化特性。有研究证实，接近7nm粒径时，锐钛矿要比金红石更稳定，这也是锐钛矿型光触媒优于金红石型的原因。纳米光触媒应用领域相当多元化，主要表现在大气污染治理、废水中有机物的降解以及汽车颜料等方面。纳米光触媒在吸收太阳光或灯光的能量后，粒子表面被激活，与空气中的水气反应生成活性氧和氢氧自由基，氧化并分解有机物，达到降解有机污染物的作用。一般常用的杀菌剂银、铜等能使细胞失去活性，但细菌被杀死后会释放出内毒素等有害的组分，而纳米TiO_2可以破坏细菌的细胞膜结构，彻底降解细菌，防止内毒素引起二次污染。纳米TiO_2在降解有机污染物和杀灭细菌的同时，自身不分解、不溶出，光催化作用持久，有害物质被氧化还原后生成无害的物质，是一种非常环保的催化剂。近年来，利用光线激发光触媒，分解去除环境（空气或废水）中污染物的研究，已逐渐从实验室发展到商业化应用。日本三重县中央火车站前的一座建筑，其外墙贴着光催化瓷砖，这种瓷砖有两方面功能：首先不易黏灰尘和煤烟，从而降低清洁和修缮成本，其次可以净化空气。该建筑物上的瓷砖总面积约 7700m²，其空气净化效果相当于一个拥有 200 棵杨树的林带。光触媒还可以分解室内所有有机有害物质，1h 内就可使室内空气达到国家标准。光触媒对有机物的分解是无选择性的，废水中有机污染物的光催化降解可以使某些高价的重金属离子变成低价，使之对环境的毒性变小。应用光催化降解法，饮用水中的有机氯化合物能在短时间内得以降解。光触媒在汽车颜料方面的用途，是纳米光触媒一个最有前景的应用，将纳米 TiO_2 添加在轿车用的金属闪光面漆中，能使涂层产生丰富而神秘的颜色，深受汽车配色专家的偏爱。应用纳米 TiO_2 制成的有机半导体复合太阳能电池，可以在各种光照条件下使用，还可以在很宽的温度范围内正常工作，可制成透明的产品应用在窗子、屋顶、汽车顶及显示器上。目前中国的高档钛白粉几乎完全依赖进口，有关部门把金红石（锐钛矿）列入中国严重依赖国外资源的 14 种战略储备矿种之一。

3. 我国的钛矿资源

截至目前，我国的钛资源居世界前列，共有钛矿床 142 个，分布于 20 个省区，主要产地为四川、河北、海南、湖北、广东、广西、山西、山东、陕西、河南等省区。钛铁矿占我国钛资源总储量的 98%，金红石仅占 2%。我国钛矿床的矿石工业类型比较齐全，既有原生矿也有次生矿，原生钒钛磁铁矿为我国的主要工业类型。在钛铁矿型钛资源中，原生矿占 97%，砂矿占 3%；在金红石型钛资源中，绝大部分为低品位的原生矿，其储量占全国金红石资源的 86%，砂矿为 14%。

4. 锐钛矿矿床

1）我国钛矿床类型

国内的钛矿床主要包括钛铁矿矿床和金红石矿床。按成因可分为岩浆矿床、火山沉积型矿床、变质矿床、残积（风化壳）矿床、砂矿床 5 类。我国钛矿床类型最主要的是晚期基性、超基性岩浆结晶分异型和贯入型钒钛磁铁矿矿床；其次是海滨沉积型钛铁矿、金红石（共生或伴生）砂矿床；第三是富含钛矿物地质体风化富集形成的残积型钛铁矿、金红石砂矿床；第四是产于富含钛矿物的基性岩或古老变质岩系中形成的区域变质沉积变质型金红石、钛铁矿矿床；第五是河流冲积或湖滨沉积型钛铁矿、金红石砂矿床。目前主要工业类型分为岩浆矿床、砂矿床和变质矿床。

2）我国独立锐钛矿矿床

目前仅在我国内蒙古羊蹄子山一带发现独立锐钛矿矿床，其属于热液型和沉积变质型。内蒙古正蓝旗羊蹄子山—磨石山钛矿床有两种不同类型的锐钛矿富矿体，即产于北部磨石山矿带的沉积变质型锐钛矿富矿体和产于南部羊蹄子山矿段的热液改造型锐钛矿富矿体。这两类富矿体在矿体规模、形态、矿石结构构造特征、矿石矿物共生组合、矿石化学成分、锐钛矿粒度和成矿时代及成矿机理等方面都存在较明显的差异。沉积变质型锐钛矿富矿体呈层状、似层状产出，矿石具有明显的细条纹状构造；由以石英为主的条纹和以锐钛矿、金红石、钛铁矿、直闪石（黑云母、石榴子石）为主的条纹互层组成；矿石中 TiO_2 品位为 5.0%~15.46%，平均值为 8.64%，形成于元古宙（1751±8Ma）的二道凹群变质岩系中。热液改造型锐钛矿富矿体呈透镜状，规模相对较小；矿石具有块状、网脉状、细脉浸染状构造；共生矿物除锐钛矿、金红石、钛铁矿、石英外，常有较多的叶片状赤铁矿，局部有直闪石、黑云母和石榴子石。锐钛矿粒度较大，且分布不均匀，是在元古宙沉积变质富锐钛矿变质石英砂岩的基础上，经燕山晚期（118±3Ma）花岗岩侵入，遭受热液改造而成（赵一鸣等，2006，2008a，2008b，2012）。

3）国外锐钛矿矿床

国外锐钛矿矿床有：1986 年 Turner 在巴西塔皮拉等地发现超大型锐钛矿矿床，其为富含钙钛矿和榍石的碱性辉石岩经深度风化后形成；矿区地质人员认为该矿床锐钛矿为钙钛矿风化脱钙形成，在手表本中可以看到粒径长 2~8mm 呈黄白色、灰黄色的锐钛矿，呈完整的八面体晶形；矿石中还可见磁铁矿、烧绿石、蛭石、金红石、透辉石等矿物（赵一鸣等，2012；Turner，1986；周玲棣等，1986；Jackson et al.，2006）。2007 年 Hebert 等对加拿大魁北克阿巴拉契亚山的早寒武世沉积古砂矿床进行研究，发现其中含有较多金红石和锐钛矿，但研究人员强调：其中的锐钛矿为原来沉积的钛铁矿矿层经过古风化淋滤的结果，而金红石则是后期变质作用的产物（赵一鸣等，2012；Hebert，2007）。

截至目前，在国内外有关锐钛矿矿床的相关报道较少，而与玄武岩相关的独立锐钛矿矿床的报道几乎没有。从 2007 年开始至 2013 年，在贵州晴隆沙子地区探明了峨眉山玄武岩底部中二叠世茅口灰岩顶部喀斯特洼地红土中大型锐钛矿矿床，这一发现及探明应属于矿床学前沿性研究领域。

1.2.4　存在的问题

研究区区域内以金矿为主的成因观点众多，讨论热烈，每种观点都有较为充分的依据，这说明黔西南地区地质演化历史及地质作用复杂。黔西南地区在大地构造上属于扬子板块西南缘与华南褶皱系西段的交接部位，并受区域深断裂控制的三角形地带，为右江古裂谷区。右江古裂谷区是峨眉地幔热柱引发的最早裂谷盆地。峨眉地幔热柱活动在区内从中二叠世末直至印支期（中三叠世）。区内为玄武岩分布的东南边缘地带，该玄武岩除具大陆溢流拉斑玄武岩的一般属性外，尚具偏碱、高钛铁、低镁、SiO_2饱和、普遍含石英、极少含橄榄石等特点。其碱性程度在贵州西部玄武岩分布区是最高的，同时挥发组分也较其他地区偏高（郑启玲等，1989）。峨眉地幔热柱引发的成矿作用是复杂的，区内从20世纪50年代锑矿开采到后来汞–砷–金–铊–稀土矿的研究，以及目前钪矿及锐钛矿的发现、勘查、开采，说明研究区还待深入研究。本书研究旨在进一步探讨黔西南研究区这一因峨眉地幔热柱引发的最早裂谷盆地上锐钛矿形成机制，为研究区区域成矿增加实际内容，启示后来的研究者及找矿者在前人的基础上有新的发现。

研究区前人发现及开采的数十个红土型金矿，其产出空间与贵州晴隆沙子锐钛矿一致。在同一地质背景下、同一赋矿空间，为什么有的形成大型金矿，而有的形成大型富钪锐钛矿，这在前人的研究中未涉足，本书研究为初次探讨。

自然界中形成的独立锐钛矿矿床很少。在国外，1986年Turner介绍在巴西塔皮拉等地发现超大型锐钛矿矿床，为一富含钙钛矿和榍石的碱性辉石岩经深度风化后形成（赵一鸣等，2012；Turner，1986；周玲棣等，1986；Jackson，2006）；2007年Hebert等对加拿大魁北克阿巴拉契亚山的早寒武世沉积古砂矿床做研究，发现其中含有较多金红石和锐钛矿，但研究人员强调：其中的锐钛矿为原来沉积的钛铁矿矿层经过古风化淋滤的结果，而金红石则是后期变质作用的产物（赵一鸣等，2012；Hebert et al.，2007）。而在国内，目前仅在内蒙古羊蹄子山一带发现独立锐钛矿矿床，属于可利用的锐钛矿矿物赋存在变质岩石中，为热液型和沉积变质型矿床。贵州晴隆沙子富钪锐钛矿矿床可工业利用的锐钛矿矿物赋存在残坡积红土中，为玄武岩风化红土，其形成地质条件完全不同。因此，须对锐钛矿矿物在研究区富集成矿规律进行针对性研究。

1.3　研究内涵及手段

1.3.1　研究方法

在广泛检索、收集峨眉山玄武岩及风化作用对贵州西部地质、矿产形成影响等相关资料的基础上，笔者对贵州西部不同岩相古地理环境的典型峨眉山玄武岩及所含锐钛矿进行实地调查，测制贵州西部多条有代表性的峨眉山玄武岩风化成土剖面，采集样品，获得了不同岩相古地理环境峨眉山玄武岩风化成土信息。

本书对晴隆沙子锐钛矿矿床进行重点剖析，从锐钛矿形成条件、峨眉山玄武岩多次喷发活动及玄武岩物质组成特点、深大断裂活动、沉积环境变化、热水沉积等方面分析总结锐钛矿形成的深部背景和地质环境。

采集贵州西部典型地域（重点为晴隆沙子锐钛矿矿床一带）不同风化程度峨眉山玄武岩及矿石样品，进行相关岩石、矿石样品氧化物全分析及锐钛矿单项分析；进行岩、矿样品的光学显微镜鉴定、电子探针及扫描电镜分析、X 射线粉晶衍射分析；进行岩、矿等物质的微量元素测试、稀土元素测试；进一步查明不同风化程度玄武岩及矿石样品中锐钛矿的形态、丰度与其他矿物的接触关系；剖析晴隆沙子一带有利于锐钛矿形成的地质地球化学条件、热水沉积作用；基本查明峨眉山玄武岩形成和漫长的风化成土（成矿）作用过程中钛的活化迁移地球化学机制。

通过开展岩相古地理和沉积环境调查研究，分析了晴隆沙子一带晚二叠世以来的岩相古地理和沉积环境变化，解剖含锐钛矿的峨眉山玄武岩风化成土及残坡积锐钛矿矿床形成条件、形成过程，探寻峨眉山玄武岩经过风化作用形成晴隆沙子锐钛矿矿床的机理。

综合、整理、归纳、分析获取的贵州西部峨眉山玄武岩及锐钛矿成矿作用信息，总结晴隆沙子地区峨眉山玄武岩风化成土作用形成锐钛矿矿床的成矿过程、成矿条件、凝练钛迁移富集的地球化学机制，探寻贵州晴隆沙子地区锐钛矿矿床成因机制，提出贵州晴隆沙子锐钛矿矿床成矿模式。

1.3.2 研究内容

调查贵州西部不同岩相古地理环境的火山活动、有代表性的峨眉山玄武岩所含锐钛矿；重点剖析晴隆沙子锐钛矿矿区峨眉山玄武岩特点，分析峨眉山玄武岩中锐钛矿大量形成的深部背景和地质环境；剖析晴隆沙子一带有利于锐钛矿形成的地球化学条件、热水沉积作用。

查明风化到哪种阶段的峨眉山玄武岩为晴隆沙子锐钛矿矿床形成提供物质来源，探究晴隆沙子锐钛矿矿区峨眉山玄武岩形成和漫长的风化成土（成矿）作用过程中钛的活化迁移地球化学机制。

凝练晴隆沙子地区锐钛矿形成特殊性，探寻晴隆沙子大型锐钛矿矿床的成因机制，提出贵州晴隆沙子锐钛矿矿床成矿模式。

1.3.3 研究思路

以晴隆沙子 1 号、2 号、3 号锐钛矿体为主要研究对象，矿体周边峨眉山玄武岩风化土层为对比研究样本，进行地层-岩石-构造-矿物学-地球化学对比研究，分析其成矿地质条件及矿床成因，具体研究思路如下。

（1）首先在区域调研基础上，对晴隆沙子锐钛矿矿床及相关地质资料进行文献检索，从区域上了解晴隆沙子锐钛矿的成矿地质背景。

（2）对晴隆沙子 1 号、2 号、3 号锐钛矿体及周边峨眉山玄武岩风化土层形成进行实地调查、采样。

(3) 分析玄武岩中富钪锐钛矿形成的深部背景和地质环境、形成富钪锐钛矿的峨眉山玄武岩特点、晴隆沙子锐钛矿矿区不同风化阶段的峨眉山玄武岩中锐钛矿含量。

(4) 进一步调查研究晴隆沙子锐钛矿矿床的成矿地质特征。

(5) 对采集到的晴隆沙子锐钛矿不同风化程度的峨眉山玄武岩及矿石样品进行锐钛矿含量及化学全分析、微束分析、微量元素、稀土元素等相关测试分析。

(6) 通过野外调查和室内测试分析，综合各方资料，归纳并总结晴隆沙子一带有利于锐钛矿形成的地球化学条件；剖析晴隆沙子地区含锐钛矿峨眉山玄武岩形成和漫长风化成土（成矿）作用过程中钛活化迁移的地球化学机制。

1.4　完成的主要工作量

本书依托《贵州省晴隆县沙子镇锐钛矿详查地质报告》《贵州省晴隆县沙子镇钪矿工艺矿物学研究》《贵州省晴隆县沙子镇锐钛矿工艺矿物学研究》《贵州晴隆锐钛矿选矿试验研究报告》以及国家自然科学基金项目"贵州首次发现钛矿床——晴隆沙子大型锐钛矿矿床成因机制研究"（批准号：41262005）和贵州理工学院高层次人才科研启动经费项目"峨眉山地幔热柱活动形成贵州西部相关典型矿床成因机制研究"（XJGC20140702），通过野外勘查、地质测量、各类采样、室内偏反光显微镜鉴定、各类分析测试数据统计计算、电子探针分析及单矿物化学分析，完成的实物工作量列于表 1-1 中。

表 1-1　完成实物工作量统计表

序号	项目	工作量	完成单位及人员
1	野外工作（矿床地质调查）	5 个月	作者及学生
2	遥感地质解译	18 km²	作者及学生
3	1:10000 地质测量	10 km²	作者及学生
4	1:2000 地质测量	2 km²	作者及学生
5	1:10000 水文、工程、环境地质测量	20 km²	作者及学生
6	1:1000 剖面调查	14 km	作者及学生
7	钻探工程	2286.6 m/144 孔	作者、学生及工人
8	槽探工程	260 m³/26 个	作者、学生及工人
9	岩、矿石鉴定样（野外采样）	105 件	作者及同学
	岩、矿石氧化物分析样（野外采样）	10 件	作者及同学
	岩、矿石稀土元素分析样（野外采样）	34 件	作者及同学
	矿石微量元素分析样（野外采样）	34 件	矿区基本分析组合样
	人工重砂样（野外采样）	6 件	作者及同学
10	野外照像	40 张	作者及学生
11	磨制光薄片	190 件	作者及学生

续表

序号	项目	工作量	完成单位及人员
12	岩、矿石显微鉴定	190 件	作者及学生
13	岩、矿石显微结构构造图版	50 张	作者及学生
14	人工重砂洗样及体视镜鉴定	6 件	作者送样，昆明理工大学、昆明冶金研究院测试
15	电子探针	10 件	作者送样，昆明理工大学、昆明冶金研究院测试
16	基本分析 TiO_2	680 件	作者送样，贵州省地矿局分析测试中心测试
17	基本分析 Sc_2O_3	222 件	作者送样，贵州省地矿局分析测试中心测试
18	化学全分析样（SiO_3、Al_2O_3、Fe_2O_3、CaO、MgO、Na_2O、K_2O、TiO_2、MnO、P_2O_5、LOI）	10 件	作者送样，贵州省地矿局分析测试中心测试
19	X-衍射分析	31 件	作者送样，昆明冶金研究院测试
20	微量元素分析	34 件	作者送样，贵州省地矿局分析测试中心测试
21	稀土元素分析	34 件	作者送样，贵州省地矿局分析测试中心测试
22	工艺矿物学分析	2 大件	作者送样，昆明理工大学、昆明冶金研究院测试
23	钛、钪选矿试验	多次	作者送样，昆明理工大学、昆明冶金研究院测试
24	铁、铝、硅进行综合回收利用试验	多次	作者送样，昆明理工大学、昆明冶金研究院测试
25	土力学原位测试	18 件/3 组	作者送样，贵州工业大学岩土检测中心测试
26	制插图	31 张	作者
27	制表	17 个	作者

1.5 主要研究成果

通过"贵州首次发现钛矿床——晴隆沙子大型锐钛矿矿床成因机制研究"得出以下成果及认识。

晴隆沙子锐钛矿矿床位于贵州西部金、汞、砷、锑、铊的成矿带中，该矿床位于碧痕营穹窿背斜西北翼，依次出露的地层为上二叠统龙潭组含煤岩系、峨眉山玄武岩组及中二叠统茅口灰岩。矿体赋存于中二叠统茅口灰岩喀斯特不整合面之上的第四系残坡积红土中，锐钛矿工业矿体产于海拔 1338.90~1498.45m 的喀斯特丘丛及平缓斜坡上的三个微型洼地中。

已探明的锐钛矿工业矿体三个，呈北东—南西向排布，依次编号为：①号锐钛矿矿体、②号锐钛矿矿体和③号锐钛矿矿体（聂爱国等，2011）。

①号锐钛矿矿体产于茅口灰岩顶部喀斯特洼地中。矿体在地表呈北西—南东向的不规则状，剖面为透镜状，地表分布面积为 71655m²，长 498~665m、宽 21~60m、厚度 4.40~22.46m，厚度变化系数为 43.5%，厚度变化较稳定。TiO_2 品位为 2.09%~6.16%，平均品位为 4.15%，品位变化系数为 11.7%，品位变化稳定。

②号锐钛矿矿体产于茅口灰岩顶部喀斯特洼地中。矿体在地表呈北西—南东向

的不规则状，剖面为似层状，矿体地表分布面积为 297982m²，长 580~955m、宽 93~590m、厚度 2.70~42.0m，厚度变化系数为 42.5%，厚度变化较稳定。TiO_2 品位为 1.87%~5.91%，平均品位为 4.29%，品位变化系数为 17.9%，品位变化稳定。

③号锐钛矿矿体产于茅口灰岩顶部喀斯特洼地中。矿体在地表呈近东西向的不规则状，剖面为似层状，矿体地表分布面积为 204135m²，长 320~789m、宽 155~465m、厚度 3.50~24.80m，厚度变化系数为 41.7%，厚度变化较稳定。TiO_2 品位为 1.89%~6.11%，平均品位为 4.29%，品位变化系数为 15.7%，品位变化稳定。

晴隆沙子锐钛矿矿石主要为红色、黄色黏土及亚黏土，黏土中常含玄武岩、硅质灰岩、硅质岩、铁锰质黏土岩及凝灰岩等角砾。矿石中金属矿物主要有锐钛矿、褐铁矿；脉石矿物主要有高岭石，其次是石英、绢（白）云母、绿泥石、斜长石、锆石等。矿石中有氧化物、硅酸盐、硫化物 3 类共 12 种矿物存在，其中氧化物约占 46.2%，硅酸盐约占 53%，硫化物偶见；其中锐钛矿占 3%左右。锐钛矿主要以微细粒包裹体的形式存在于硅酸盐及石英中，其次以类质同象的形式存在于褐铁矿中，少数以独立锐钛矿矿物形式存在，单体粒度小于 10μm。

本书详细分析了晴隆沙子锐钛矿矿床的成矿地质条件。锐钛矿矿物的生成条件及范围较狭窄，只有在氧气供应充分、低温低压及弱碱性的环境下才能形成。因此，锐钛矿矿床的形成必须具备以下三个条件：有形成钛矿的物质来源、有形成锐钛矿的低温低压及弱碱性介质、无后期的高温高压环境使其向金红石转变。晴隆沙子锐钛矿矿区有形成锐钛矿的物质来源，即形成锐钛矿矿床的钛来源于峨眉山玄武岩。贵州西部包括晴隆沙子地区的玄武岩，化学成分为高钛低镁，属高钛拉斑玄武岩，矿区玄武岩化学成分：SiO_2 46.44%、TiO_2 3.64%、Al_2O_3 14.35%、Fe_2O_3 6.67%、FeO 7.70%。经对玄武岩矿物学研究，玄武岩中很少见钛磁铁矿、钛铁矿等副矿物，而主要的暗色矿物辉石中钛含量较高，玄武岩中钛多以 $Ti^{4+}+Al^{3+}→Mg^{2+}+Si^{4+}$ 的异价类质同象进入辉石的硅氧四面体中，很少形成钛的单矿物。

贵州晴隆地区于早中二叠世茅口晚期，正值滨岸潮坪相带上东吴运动地壳抬升，伴随峨眉山玄武岩强烈喷发，峨眉山玄武岩火山喷发物滚落流入水体中势必浸变解体，暗色矿物辉石解离成绿泥石等，辉石中的 Ti^{4+} 几乎可全部析出进入水体，为区内锐钛矿的形成提供了丰富的钛来源。

贵州晴隆地区具有特殊的弱碱性水的岩溶洼地地球化学障，中二叠统茅口灰岩受东吴运动地壳抬升的影响，其顶部裸露地表并发生岩溶作用，形成喀斯特高地与喀斯特洼地古地貌。因近滨岸潮坪，喀斯特洼地部分有积水。晴隆沙子地区玄武岩富钠贫钾，Na_2O 为 5.33%、K_2O 为 0.17%。富含钠的长石在喀斯特洼地水体中浸变解体，K^+进入黏土矿物中，Na^+溶解于水中，使区内有特殊的弱碱性水的喀斯特洼地地球化学障。加上该弱碱性水的岩溶洼地在地表氧化带，有充足的氧气，为锐钛矿（TiO_2）的形成准备了充分的条件。这种喀斯特洼地水体被喀斯特高地地貌隔开，形成一个个相对孤立的弱碱性水域，是特殊的地球化学障，为区内锐钛矿的形成提供了必要的环境条件。

区内成矿期有锐钛矿生成的低温低压条件。用 ETM Landsat-7 遥感数据，选取 7、4、1 波段组合合成遥感影像构造解译结果，区内环型构造与线性构造较一致沿北东向展布，并与已探明的①号、②号、③号矿体在空间上明显重叠。根据区域资料分析，矿区所在位置正在师宗—弥勒断裂影响带上，推测玄武岩喷发期有可能是局部热源区；再者，玄武岩喷发高温火山物质落入喀斯特洼地水解形成地表热水。根据喀斯特洼地火山碎屑沉积物厚度推测，当时的水体有数十米深，具有一定的静压力，为低温低压环境，满足锐钛矿的生成条件。

本书对晴隆沙子富钪锐钛矿矿床形成机理进行讨论并初步建立成矿模型。贵州西部峨眉山玄武岩为高钛玄武岩，Ti^{4+} 呈异价类质同象进入辉石的硅氧四面体中，伴随峨眉山玄武岩强烈喷发的火山喷发物滚落流入水体浸变解体，辉石解离成绿泥石等，辉石中的 Ti^{4+} 从硅氧四面体中释放进入水体，与水体中的氧结合生成 TiO_2。

晴隆沙子一带中二叠统茅口组灰岩顶部有多个古地貌喀斯特高地与喀斯特洼地，因近滨岸潮坪，喀斯特洼地部分有积水。由于晴隆沙子地区玄武岩富钠贫钾，富含钠的长石等在喀斯特洼地水体中浸变解体，Na^+ 溶解于水中，使区内喀斯特洼地积水呈弱碱性水，为区内锐钛矿的形成提供了必要的环境条件。加上这类局限水体为低温低压环境，便生成较纯的锐钛矿（TiO_2）。由于单个喀斯特洼地水域局限，水体温度、压力及 pH 差异小；Ti^{4+} 及氧气浓度差异小，因此在单个喀斯特洼地中矿化均匀，矿石 TiO_2 品位变化系数均小于 20%。又由于茅口晚期沉积间断时间不长，茅口组灰岩顶部喀斯特不强，喀斯特洼地起伏不大，矿层的厚度变化较稳定，其厚度变化系数均小于 50%。

各个锐钛矿矿体形成后，区内虽经历了晚二叠世及其以后的沉积、燕山期构造变动，但由于均未达到区域变质及高温高压锐钛矿向金红石相变的环境，已形成的锐钛矿矿体被稳定保存。喜山期及新构造运动使锐钛矿矿体裸露地表，富含锐钛矿的玄武岩等硅酸盐岩石进一步遭受风化、淋滤分解成土，锐钛矿在土层中得到一定的富化。

沙子锐钛矿矿床为峨眉山玄武岩强烈喷发初期于茅口灰岩顶部喀斯特洼地低温、低压、弱碱性水体中火山碎屑热水沉积形成锐钛矿，经第四纪风化淋滤分解成土，锐钛矿进一步富化形成残坡积型矿床。

本书根据矿石氧化物全分析、稀土元素及微量元素等大量分析测试结果讨论矿床的地球化学特征。矿石主要氧化物与现代红土风化壳、贵州西部红土型金矿红土的主要特征相近。区内玄武岩与锐钛矿矿石的稀土元素特征研究表明两者有极强的亲源性。矿石中有两组微量元素组合，即 Au-Ag-As-Sb-Hg-Tl 组合及 Sc-TiO$_2$-Cu-Fe-Mn 组合。

第一组：Au-Ag-As-Sb-Hg-Tl 组合。此组合与贵州省西部红土型金矿矿石微量元素组合相同，反映锐钛矿的形成与区域背景峨眉山玄武岩喷发初期于茅口灰岩顶部大面积分布的硅质黏土岩形成一致，此硅质黏土岩是红土型金矿及锐钛矿形成的主要围岩之一。

第二组：Sc-TiO$_2$-Cu-Fe-Mn 组合。反映在区域背景下，局限水体的特征地球化学环境，即在地表强氧化带局限水体，富含铁、锰、钪、钛的玄武岩喷发物落入水体，经水解形成低温低压及弱碱性水环境。原玄武岩中的二价铁氧化为三价铁形成褐铁矿，原玄武岩中的二价锰氧化为三价或四价锰形成硬锰矿，钛在氧气供应充分、低温低压及弱碱性的环境下形成锐钛矿。由于铁、锰、钛、钪源于同一玄武岩，因此钪与钛、铁、锰相关水平较高：钪与铁相关系数为+0.9155，钪与锰相关系数为+0.7268，钪与钛相关系数为+0.6568。钪与锐钛矿形成同一机理，在同一空间富集成矿，且含 Ti、Sc 较高的玄武岩是晴隆沙子富钪锐钛矿的主要围岩。

本书对比同一区域中红土型金矿及残坡积红土富钪锐钛矿，并讨论两类矿床成因的差异性。

首先探讨贵州西部红土型金矿矿床形成条件及成因。有富金的矿源岩，中二叠世末期至晚二叠世早期火山喷发，在中二叠世茅口灰岩古喀斯特面上沉积峨眉山玄武岩第一段黏土化玄武质火山角砾–火山碎屑岩–凝灰岩–茅口灰岩顶部含金硅化角砾岩，形成富金的矿源岩（大厂层）具 Au-Ag-As-Sb-Hg-Tl 组合。在中二叠世茅口灰岩古喀斯特浸蚀面上，发育有形状复杂的喀斯特微型洼地，深数米至近百米，其喀斯特微型洼地中有富金的矿源岩残存。在表生带常温常压环境下，大气降水、地表水、地下水等与古喀斯特浸蚀面上微型洼地中富金的矿源岩发生水–岩反应，经第四纪漫长的演化形成红土，金从矿源岩中游离出来呈纳米级微细分散态和吸附态，游离金被红土吸附并富集形成红土型金矿床。第四纪强烈的红土化作用，是金富集成矿的高峰期，也是红土型金矿的主成矿期。区内红土型金矿则是含金矿源岩于第四纪强烈红土化作用的矿床。

其次本书探讨晴隆沙子锐钛矿矿床的形成条件及成因。研究区内含 Ti、Sc、Na 较高的峨眉山玄武岩提供了成矿物质，中二叠世茅口灰岩顶部形成古喀斯特高地与喀斯特洼地。因近滨岸潮坪，喀斯特洼地有的有积水，并推测这类喀斯特洼地位于玄武岩浆喷发时的局部热源区，促使该区富钠贫钾的玄武岩浸变解体，K$^+$进入黏土矿物中，Na$^+$溶解于水体中，使其形成特殊的弱碱性水体，该弱碱性水的岩溶洼地在地表氧化带，有充足的氧气参与。在低温、低压、弱碱性水体中锐钛矿晶出被玄武质黏土及褐铁矿等吸附，形成锐钛矿矿床。燕山期区内褶皱形成穹窿，直到第四纪地壳抬升，矿层裸露或近地表，风化淋滤部分围岩物质，如：Na$^+$、Ca$^+$、Mg^{2+}等。锐钛矿在矿层红土化过程中得到进一步的富化，主要物源是玄武岩的浸变解体。晴隆沙子富钪锐钛矿矿床形成时期主要是中二叠世茅口晚期及第四纪两个时期。中二叠世茅口晚期贵州西部峨眉山玄武岩浆的第一喷发旋回是该矿床的主成矿期，第四纪强烈的风化淋滤作用使其进一步富集成矿。沙子锐钛矿矿床成因为与峨眉山玄武岩喷发作用有关的低温热水沉积-残坡积矿床。

本书进一步启示峨眉地幔热柱对贵州西部多种矿产成矿的贡献及复杂性，为区内找矿开拓了新思路。

峨眉地幔热柱这种地球上特殊的巨大地质体，其岩性主要是镁铁质喷出岩及其相伴生的侵入岩，因其从地幔带出多种成矿元素及其强烈的火山作用动力与能量，其活动周期长、多旋回，带来的成矿物质多，使其成矿地质作用复杂。因此重新审视地幔热柱对成矿的贡献，已是若干地学者思考和研究的方向。仅对贵州西部而言，前人诸多研究已证明与峨眉山玄武岩相关的，如贵州西部的玄武岩型铜矿——产于峨眉山玄武岩第二段下部气孔杏仁状拉斑玄武岩和第一段底部的凝灰岩中，有盘县官鸠坪铜矿、盘县中关睢铜矿、普定补堆场铜矿、关岭丙坝铜矿等（刘远辉，2006），峨眉山玄武岩组第三段、第四段自然铜及黑铜矿化的威宁黑山坡铜矿，贵州晴隆大厂锑矿、贵州贞丰水银洞金矿、贵州烂木厂铊矿、贵州晴隆老万场金矿、贵州安龙金矿、普安泥堡金矿、盘县水淹塘金矿、大方猫厂硫铁矿、贵州西北部玄武岩风化壳中的稀土矿等（王伟等，2006），形成了贵州西部特殊的成矿带。

峨眉地幔热柱活动周期长、多旋回，再加上贵州西部复杂的古地形地貌，使玄武岩喷发的物质与当时地面接触的界面差异，形成不同矿产，贵州晴隆老万场金矿与晴隆沙子富钪锐钛矿即属此例。在贵州西部峨眉山玄武岩强烈喷发的早期，炽热的玄武岩滚落在晴隆沙子数个喀斯特洼地中，随着喷发作用持续进行，加上东边的海侵作用，贵州西部大面积火山-沉积作用形成金矿源岩（大厂层），金矿源岩同时覆盖了晴隆老万场及晴隆沙子地区。后期地质作用，第四纪两者双双裸露地表，老万场因金矿源层直接与茅口组灰岩古喀斯特面接触，地表水下渗与金矿源岩发生强烈的淋滤作用，使其金富集成红土型金矿。而晴隆沙子则因金矿源层下还有玄武岩浸变的锐钛矿黏土、玄武岩残块等，地表水下渗淋滤作用不强，导致金不富集，而保存并富化原玄武岩浸变形成的锐钛矿。

综上，晴隆沙子锐钛矿矿床的形成机理研究进一步启示了研究者们，应认真审视贵州西部峨眉山玄武岩的成矿贡献及其复杂性，开拓找矿新思路，这也是本书的主要成果之一。

第2章 区域地质背景

2.1 大地构造位置

　　研究区在大地构造上属扬子板块西南缘，西南侧以三江褶皱带为界，南侧与华南板块紧邻，属大陆型地壳构造域的右江古裂谷。右江古裂谷主要是以西侧的小江断裂（XJF）、东侧的紫云—垭都断裂（ZYF）和南部开远—平塘断裂（KPF）控制的三角形裂谷区（图2-1）。裂谷作用自泥盆纪开始到三叠纪结束，裂谷沉积演化过程中伴随着广泛的岩浆活动，如中二叠世晚期出现陆相为主兼有海相的大规模峨眉山玄武岩浆喷发，到早、中三叠世火山岩及相应的浅成侵入体（集中发育于裂谷中部南盘江流域及其以南地区）。研究区是金、汞、砷、锑、铊等重要的成矿带（高振敏等，2002），贵州晴隆沙子大型锐钛矿矿床即产于此成矿带内。

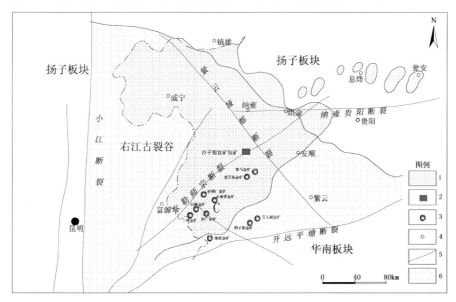

1.贵州峨眉山玄武岩大面积分布区；2.沙子富钪锐钛矿矿床；3.红土型金矿床（点）；4.市县地名；5.断裂带；6.右江古裂谷

图2-1　贵州晴隆沙子锐钛矿大地构造位置图 [资料来源：骆耀南（1985），高振敏等（2002），贵州省区域地质志（1987），王砚耕等（2000）]

2.2 区域地层

研究区区域出露地层主要为泥盆系到三叠系，其中以三叠系分布最广，约占全区总面积的三分之二，其次为二叠系，而石炭系和泥盆系出露不多，常在背斜和穹窿的核部出现。地层划分见图 2-2。

地层 \ 地区		台地相区	边缘相区	台盆相区	
		晴隆、兴仁、安龙等地	贞丰等地	册亨、望谟等地	隆林等地
第四系	Q	第 四 系	第 四 系	第 四 系	第 四 系
新近系/古近系	N				
	E	石脑组			
白垩系	K				
侏罗系	J_3				
	J_2	上沙溪庙组 J_2s			
		下沙溪庙组 J_2x			
	J_1	自流井群 J_1zl			
三叠系	T_3	须家河组 T_1x			
		火把冲组 T_3h			
		把南组 T_3b		把南组 T_3b	
		赖石科组 T_3l		赖石科组 T_3l	
	T_2	法郎组 T_2f	凉水井组 T_2l	边阳组 T_2b	河口组 T_2h
		关岭组 T_2g	青岩组 T_2q	新苑组 T_2x	百逢组 T_2b
	T_1	永宁镇组 T_1yn	安顺组 T_1a	紫云组 T_1z	罗楼组 T_1l
		飞仙关组 T_1f 夜郎组 T_1y	大冶组 T_1d	罗楼组 T_1l	
二叠系	P_3	大隆组 P_3d	长兴—吴家坪组 P_3c-w	晒瓦组 P_3s	大隆组 P_3d
		长兴组 P_3c			
		龙潭组 P_3l / 峨眉山玄武岩 ; 吴家坪组 P_3w			龙潭组 P_3l（合山组）P_3h
	P_2	茅口组：大厂层、灰岩 ; 茅口组 P_2m	茅口组 P_2m	茅口组 P_2m	茅口阶 P_2m
		栖霞组 P_2q	栖霞组 P_2q	栖霞组 P_2q	栖霞阶 P_2q
	P_1	梁山组 P_1l	梁山组 P_1l	梁山组 P_1l	
		龙吟组 P_1ln	龙吟组 P_1ln	龙吟组	
石炭系	C_3	马平组 C_3mp	马平群 C_3mp	马平群 C_3mp	马平群 C_3mp
	C_2	黄龙群 C_2hl ; 达拉组 C_2d	达拉组 C_2d	黄龙群 C_2hl	黄龙组 C_2hl
		黄龙群 C_2hl ; 滑石板组 C_2h	滑石板组 C_2h		大埔组 C_2d
	C_1	摆佐组 C_1b	摆佐组 C_1b	林群群 C_1lq	大塘阶 C_1d
		大塘组 C_1d	大塘组 C_1d		
		岩关组 C_1y	岩关组 C_1y		岩关阶 C_1y
泥盆系	D_3	代化组 D_3d	代化组 D_3d	代化组 D_3d	榴江组 D_3l
		响水洞组 D_3x	响水洞组 D_3x	响水洞组 D_3x	
	D_2	罗富组 D_2lf	罗富组 D_2lf	罗富组 D_2lf	东岗岭组 D_2d
		罐窑子组 D_2g	罐窑子组 D_2g	纳标组 D_2n	应堂组 D_2y
	D_1	缺失或未出露			四排组 D_1s
					郁江组：塘丁组 D_1t
					郁江组：益兰组 D_1y
志留系	S				
奥陶系	O				
寒武系	ϵ_3				寒武系“上统”
	ϵ_2				寒武系“下统”

图 2-2 黔西南地层对比表 [据李文亢等（1998），略有改动]

(1) 泥盆系：为陆棚上相对的深水沉积，出露以中、上统为主，以泥岩及碳酸盐岩为主，上部硅质增多，形成硅质岩、硅质条带灰岩等。

(2) 石炭系：是海侵的最盛时期。在贵州南部石炭纪地层发育较好，但在黔西南地区主要沿周边地带出露。依岩性、岩相及古生物面貌等特征分为两种类型的沉积区。在晴隆、紫云、关岭、六枝一带和罗甸、望谟、册亨一线以南为深水台盆相带，主要由硅质岩、含燧石结核的灰岩等组成；其余为浅海相台地相带，主要由浅色灰岩及白云岩等组成，下部常夹石英砂岩、页岩等，为生物礁灰岩（李文亢等，1988）。

(3) 二叠系：二叠纪早期基本上继承晚石炭世的沉积轮廓，在南北两侧的差异渐趋明显。在北部地区，中下二叠统主要为台地相区的碳酸盐岩，顶部间有玄武岩。南部地区则以台盆相区的碳酸盐岩为主，下部常为砂岩、页岩及泥灰岩等。中上二叠统岩相变化较大，沿关岭、贞丰、安龙一线以西为海陆交互相及陆相（滨海潮坪及冲积平原）的砂页岩夹灰岩及煤系地层，并有玄武岩的喷溢；以东为浅海相（开阔台地）的碳酸盐岩。

(4) 三叠系：分布广泛，发育良好。这个时期南北两侧的差异明显，大体上在贞丰、册亨、安龙等一线以北（北西）为稳定的台地相区，自早期到晚期，由海相向陆相过渡。中下部以碳酸盐岩为主，上部由碎屑岩夹黏土岩组成；以南（南东）为广海盆地相区，在斜坡地带及广海盆地中常有各种重力流，尤以浊流发育，早期还有火山碎屑沉积。在南北两个相区之间发育了一条生物礁相带，对南北两侧起一定的隔挡作用。

(5) 侏罗系：缺失上统，中下统分布零星，为内陆湖泊沉积，由泥岩、粉砂岩及砂岩等组成，整合或假整合于上三叠统须家河组。

(6) 第四系：零星分布，在碳酸盐岩出露区的各级夷平面上的微型洼地中零星分布残坡积红土，于沟谷及喀斯特洼地等低洼处零星分布冲洪积土；在碎屑岩出露区的坡地沟谷中零星分布砂、碎石及块石。碳酸盐岩出露的各级夷平面上的微型洼地中零星分布残坡积红土，其中产出红土型金矿、锐钛矿钪矿。

2.3 区域构造

研究区区域受两条相互交叉的断裂带控制，一条系北东向的师宗—弥勒断裂带（SMF），另一条是北西向的紫云—垭都断裂带（ZYF）。这两条断裂在上古生代至三叠纪时期控制着这一地区的地质构造发展，这两条断裂带夹持的三角形区内还发育一些大型断裂（图 2-3），计有北东向的潘家庄断裂（PJZF）、册亨弧形断裂带（CHF），将区内分成若干断块，在前燕山运动时期控制着沉积相带，燕山运动时期控制褶皱边界（高振敏等，2002）。

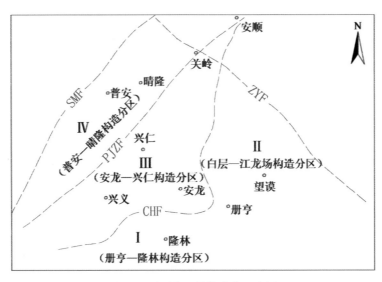

图 2-3 黔西南区域构造分区略图

册亨隆林构造分区（Ⅰ）——以册亨弧形断裂近东西展布带为北部边界。褶皱发育，褶皱轴以近东西走向为主。区内北侧分布下-中三叠统以较软岩层为主，南侧出现较多寒武统、泥盆-中二叠统，以强硬岩层为主。强硬岩层和软弱岩层相间互层，在垂向上多形成不协调双层褶皱。强硬岩层组成的褶曲以短轴背斜及穹窿构造为主。软弱岩层多为线状，区内主要构造形迹形成于燕山运动。丫他、板其金矿分布于此构造分区内。

白层—江龙场构造分区（Ⅱ）——为夹于册亨弧形断裂带（CHF）近南北走向段及紫云—垭都断裂带（ZYF）所夹的锐角带区。区内主要有泥盆系—中三叠统，上二叠统—下三叠统—中三叠统，并有燕山期基碱性和碱超基性小岩体分布。区内断裂发育，褶皱以短轴背斜为主。其代表性有近南北向的赖子山背斜及背斜倾伏部位的逆冲断层（板昌逆冲断层）等。沿赖子山背斜的倾伏部位分布较多的小型金、汞、锑矿床，如坡稿、那郎、塘新寨金矿等；沿赖子山背斜的倾伏部位的逆冲断层，产出亚洲最大的金矿——烂泥沟金矿床。

安龙-兴仁构造分区（Ⅲ）——以潘家庄断裂（PJZF）、册亨弧形断裂带（CHF）及紫云—垭都断裂带（ZYF）为界。区内主要分布中二叠统至上三叠统，均系海陆交互相及浅海台地向沉积，其中除上二叠统下部为含煤建造外，其余大部分为碳酸盐建造。中-上二叠统之间普遍存在岩溶不整合，大多数没有峨眉山玄武岩出现，但普遍有一层硅质层。褶皱形态以宽缓性为主，间隔狭窄紧密褶皱，构成过渡型隔挡式褶皱组成，褶皱轴向以北西向为主，局部受断裂控制而呈北东和南北向。区内断裂发育，以北东向和北西向两组相互交叉，与边界高级序的大断裂有成因生长联系并具长期多次活动特点。区内金、汞、砷、铊矿化及异常较普遍，其中水银洞金矿已达超大型，紫木凼金矿、戈塘金矿达大型，烂木厂为铊独立矿床。

普安–晴隆构造分区（Ⅳ）——为夹于师宗—弥勒断裂带（SMF）、潘家庄断裂带（PJZF）及紫云—垭都断裂带（ZYF）之间的地段，区内分布泥盆系–中二叠统、上二叠统、下–中三叠统，玄武岩及玄武质凝灰岩广泛分布。主要构造线方向北东，褶皱由宽缓的复背斜、穹窿和复向斜组成，发育多期活动断裂。

晴隆沙子富钪锐钛矿矿床、晴隆大厂锑矿床、泥堡金矿、老万场红土型金矿床及砂锅厂红土型金矿床、雄武等一系列矿床（点）分布于此区。

2.4　区域岩浆岩

研究区区域岩浆岩主要有海西期峨眉山玄武岩、次火山岩（辉绿岩）以及燕山期偏碱性基性、超基性小岩体。

2.4.1　峨眉山玄武岩

二叠纪大规模喷发的以峨眉山玄武岩为主体的广布于扬子地台西缘及邻区的巨量火成岩套（侯增谦等，1999）。按照玄武岩的产出状态和喷发特点，由东向西可分为贵州高原区（Ⅰ）、攀西岩区（Ⅱ）、盐源–丽江岩区（Ⅲ）和松潘–甘孜岩区（Ⅳ）（图 2-4）。贵州高原区主体主要盖于右江裂谷和扬子板块上。在贵州部分，玄武岩依其化学组分可将其分为钙性区（里特曼指数 δ 平均 1.56）、钙碱性区（δ 平均 2.54）及碱钙性区（δ 平均 6.09）（聂爱国等，2007）（图 2-3）；黔西南地区峨眉山玄武岩主要分布于兴仁—瓮安—毕节以西地区，出现时间为中二叠世晚期及晚二叠世。主要可分 3 个喷发旋回，由玄武质熔岩、玄武质熔岩角砾岩、火山碎屑岩、拉斑玄武岩、凝灰岩等组成。每一次喷发旋回厚数米至 700 余米，并包括数个喷发层。此外，据石油钻井资料（黄开年等，1988），在南盘江北侧的兴义、罗平地区，三叠系地层之下有数百米至千米厚的峨眉山玄武岩分布，表明峨眉山玄武岩广泛分布。

2.4.2　次火山岩（辉绿岩）

主要分布在望谟—罗甸、普安—盘县一带，主要呈岩床或岩盆，大多数整合侵入石炭系、二叠系、三叠系地层，规模一般不大，在矿物成分、结构构造和岩石化学成分上与峨眉山玄武岩极为相似，多属于二叠纪峨眉山玄武岩的次火山岩相。

2.4.3　偏碱性基性、超基性岩

仅分布于贞丰、镇宁、望谟三县交界处，呈岩脉、岩墙、岩枝、岩楔，个别呈岩筒状，侵入于早二叠世至中三叠世地层中。岩体规模小，一般宽数十厘米至数

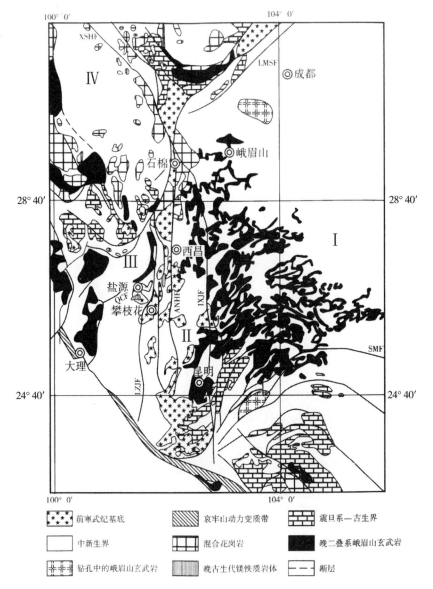

Ⅰ.贵州高原区；Ⅱ.攀西岩区；Ⅲ.盐源—丽江岩区；Ⅳ.松潘—甘孜岩区；QCF.青河—程海断裂；LZJF.绿汁江断裂；ANHF.安宁河断裂；XJF.小江断裂；SMF.师宗—弥勒断裂；LMSF.龙门山断裂；XSHF.鲜水河断裂

图 2-4　峨眉山火成岩省地质略图（据宋谢炎等，2002）

米，长数十米。岩石以斑状橄云辉岩为主，其次为斑状云橄辉岩、斑状辉橄云岩及斑状橄辉云岩（李文亢等，1988；高振敏等，2002）。

另外，黔西南地区晚二叠世末至中三叠世地层中有玻屑凝灰岩分布：关岭–贞丰–安龙一线西北侧，上二叠统长兴组黏土岩中夹 1~3 层酸性玻屑凝灰岩，单层厚1~7cm；安龙、贞丰等地中三叠统硅质岩和黏土岩中夹有酸性玻屑凝灰岩，厚度小于 1m，这说明区内二叠纪至三叠纪火山活动频繁（高振敏等，2002）。

2.5　区域矿产

黔西南地区矿产资源丰富，分布着多种金属和非金属矿产，主要赋存于二叠系地层中，其次是三叠系地层，其中与二叠系火山活动有关的矿产占大多数。主要矿产有：金、锑、汞、银、铊、铀、铅、锌、雄黄、萤石、硫铁矿、石膏、硅石、玉石、重晶石、膨润土、高岭土、煤等。其中有很多都是国家急需和重要的矿产资源，如金矿、锑矿、铅锌矿、煤矿等在国民经济建设中占非常重要的地位，该区是我国重要的矿产基地之一。

第3章 晴隆沙子富钪锐钛矿矿床地质特征

3.1 矿区地质特征

3.1.1 地层

晴隆沙子锐钛矿矿区出露地层为中二叠统茅口组，上二叠统峨眉山玄武岩组、龙潭组及第四系（图3-1）。富钪锐钛矿赋存于中二叠统茅口灰岩喀斯特不整合面之上的第四系残坡积红土中。

地层单位			代号	柱状	厚度/m	岩性	赋矿层位
系	统	组					
第四系			Q^{pal}		0~5	冲洪积物、坡积物黄土及砾石	
			Q^{esl}		0~50	残坡积物红土、黄土夹玄武岩、硅质岩、黏土岩等角砾	锐钛矿、钪矿
二叠系	上统	龙潭组	P_3l		156~400	灰、黄灰、黄褐色泥岩、砂岩，夹灰岩及煤层	
		峨眉山玄武岩组	$P_3\beta$		130~180	灰绿、深灰色峨眉山玄武质熔岩、玄武质火山角砾岩及玄武质火山凝灰岩	
	中统	茅口组	P_2m		286	浅灰至深灰色厚层及块状含蜓生物灰岩	

图 3-1 沙子富钪锐钛矿矿区地层柱状图

1.第四系（Q）

1）冲洪积（Q^{pal}）

分布于矿区低洼的冲沟及喀斯特谷地。岩性为黄色、杂色砾、砂，结构松散。与下伏地层为角度不整合接触，厚度0~5m。

2）残坡积（Q^{esl}）

分布在矿区相对平缓的喀斯特剥夷面上的丘丛或斜坡地带微型洼地内。岩性主要为红色黏土及亚黏土,黏土中常含角砾,角砾成分多为玄武岩、硅质灰岩、硅质岩及凝灰岩等,砾石大小不等,2mm 至数十厘米。厚度变化大,一般 5m 左右,大者 43m。

残坡积的下部常嵌入石芽、溶沟等微喀斯特形态中,是锐钛矿、钪矿的主要产出层位。与下伏地层为角度不整合接触,厚度 0~43m。下伏地层为茅口组灰岩(见图版照片 1~照片 4)。

2.上二叠统龙潭组(P$_3$l)

分布于研究区西部及西北部外侧,区内仅见局部分布。岩性为灰绿色、灰色、褐黄色薄至中厚层泥岩夹岩屑砂岩。下部为灰色中厚层铝土质泥岩、硅质岩。中下部夹 2~3 层煤及砂质泥岩。与下伏峨眉山玄武岩组为假整合接触,未见顶厚度大于 150m。

3.上二叠统峨眉山玄武岩组(P$_3\beta$)

由玄武质熔岩、玄武质熔岩角砾岩、火山碎屑岩、拉斑玄武岩、凝灰岩等组成。峨眉山玄武岩在研究区分布较广。该组地层与下伏地层为假整合接触,厚度 130~180m。

4.上二叠统茅口组(P$_2$m)

分布于研究区内大部分地区。岩性为灰色、深灰色中厚层夹厚层泥晶、亮晶生物屑灰岩及灰岩,生物以蜓科为主(见图版照片 5 和照片 6)。与下伏栖霞组地层为整合接触,厚度 80~120m。

3.1.2　构造

晴隆沙子锐钛矿区位于碧痕营穹隆背斜西北翼。穹隆核部地层由中二叠统茅口组,翼部为峨眉山玄武岩及龙潭组地层。矿区为一向西北倾斜的单斜构造,地层走向 NE 25°~35°,倾向北西,倾角平缓,在 14°~19°变化(见图版照片 7)。小褶曲不发育,偶见中-薄层灰岩中有小的牵引褶曲(见图版照片 8)。

区内断裂构造发育,见有断层 3 条,分别编号为 F1、F2、F3(图 3-2)。

F1——详查区东南角分布,为详查区 NE 向断裂组中一条断层。该断层从详查区东南斜切,走向 NE 30°~45°。呈"S"型展布,倾向 NW,倾角 75°,上盘下降并向南西移动,为正平移断层(见图版照片 9)。

F2——详查区东北角分布,与 F1 断层性质相同。在详查区内被 F3 断层错失(见图版照片 10)。

F3——位于详查区中部。走向 NW,产状不明,性质不明。

除断层外,岩层垂直裂隙十分发育,沿垂直裂隙发育大大小小溶沟、溶槽或落水洞(见图版照片 11 和照片 12)。

3.1.3 地貌

晴隆沙子矿区已基本查明的锐钛矿工业矿体有三个，均产于矿区夷平面高地上喀斯特微型洼地中。

①号锐钛矿矿体位于详查区东北角，分布于海拔 1365.70~1406.29m 的丘丛上的微型洼地中（见图版照片 13）。

②号锐钛矿矿体位于详查区中北段，分布于海拔 1338.90~1453.53m 的喀斯特丘丛及斜坡上的微型洼地中（见图版照片 14）。

③号锐钛矿矿体位于详查区西南部，分布于海拔 1491.16~1498.45m 的喀斯特丘丛上微型洼地中（见图版照片 15）。

3.1.4 峨眉山玄武岩

矿区出露的玄武岩处于贵州西部玄武岩分布范围的东南边缘地带，厚度多在200m 以下，喷发时代为中二叠世末期至晚二叠世早期，喷发早期的环境为滨岸潮坪（郑启玲等，1989）。

区内玄武岩有玄武质熔岩、玄武质火山角砾岩及玄武质火山凝灰岩。玄武岩有玄武质熔岩，多为灰绿色及深灰色，致密块状，柱状节理发育（见图版照片 16 和照片 17），还可见玄武岩水液浸边黏土化及淬火现象（见图版照片 18~照片 21）。玄武质火山角砾岩角砾以玄武岩为主、部分硅质岩，其黏土化、褐铁矿化明显（见图版照片 22 和照片 23）。玄武质火山凝灰岩呈灰色块状，与硅质岩残存在红土矿层中（见图版照片 24~照片 26）。

区内玄武岩中主要造岩矿物为单斜辉石及斜长石。

单斜辉石：普通单斜辉石及含钛单斜辉石，粒度多<0.05mm 组成玄武岩基质，见少量小斑晶，含量一般<30%；玻璃质含量一般为 10%~30%，几乎均脱玻分解为绿泥石和黏土矿物等（见图版照片 27）。据毛德明等研究，区内玄武岩辉石中 TiO_2 与 SiO_2、MgO 负相关；TiO_2 与 Al_2O_3 正相关，这一现象反映出辉石中存在较明显的 $Mg^{2+}+Si^{4+}=Ti^{4+}+Al^{3+}$ 异价类质同象替代（毛德明等，1992）。

斜长石：含量一般 50%左右，斜长石号码（An）多在 51~67，属拉长石，粒度多 0.1~0.05mm 组成玄武岩基质，见斑晶可达 3mm，多蚀变或风化为绢云母（见图版照片 28~照片 30）。

次要矿物：磁铁矿、钛铁矿、锆石、绿帘石、电气石、石英（见图版照片 31 和照片 32）。

区内玄武岩化学成分：SiO_2 46.82%、TiO_2 3.64%、Al_2O_3 14.35%、Fe_2O_3 6.67%、FeO 7.7%、MnO 0.23%、MgO 5.06%、CaO 4.82%、Na_2O 5.13%、K_2O 0.17%、P_2O_5 0.35%。化学成分显示区内玄武岩具偏碱、高钛铁、低镁、SiO_2 饱和等特点，其碱

性程度在贵州西部玄武岩分布区是最高的，同时挥发组分也较其他地区偏高。

3.2   矿体特征

已探明的锐钛矿工业矿体三个，呈北东南西向排布，依次编号为①号锐钛矿矿体、②号锐钛矿矿体及③号锐钛矿矿体，见图 3-2 及图 3-3。

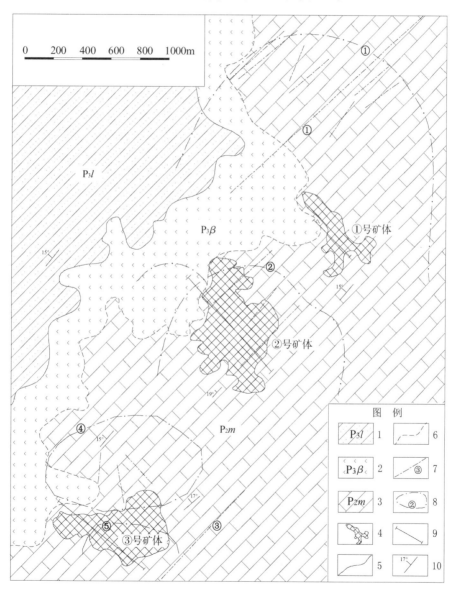

1.上二叠统龙潭组煤系；2.峨眉山玄武岩；3.中二叠统茅口组石灰岩；4.锐钛矿矿体；5.地质界线；6.喀斯特不整合界线；7.遥感解译线性构造；8.遥感解译环形构造；9.代表性勘探线剖面；10.地层产状

图 3-2   沙子锐钛矿矿床地质略图

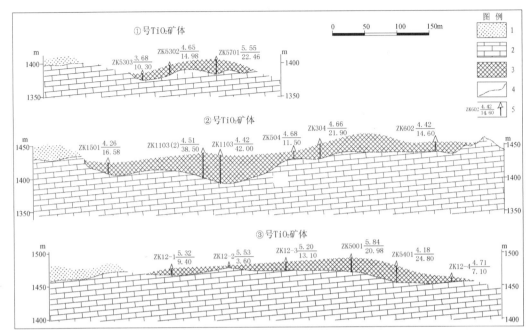

1.峨眉山玄武岩；2.中二叠统茅口组石灰岩；3.锐钛矿矿体；4.喀斯特不整合面；5.已竣工钻孔

图 3-3　沙子锐钛矿矿体剖面图

3.2.1　①号锐钛矿矿体特征

①号矿体产于茅口灰岩顶部喀斯特洼地中。矿体在地表呈北西—南东向的不规则状，剖面为似层状，分布于海拔 1365.70~1406.29m 的喀斯特丘丛上的微型洼地中。地表分布面积约 71655m²，长 498~665m、宽 21~60m，是该矿床规模最小的矿体。厚度 4.40~22.46m，厚度变化系数 43.5%，变化较稳定（图 3-3 和图 3-4）。TiO₂平均品位 4.15%，品位变化系数 11.7%，变化稳定。（332+333）TiO₂资源量 9.04×10⁴t，占全矿床 TiO₂总资源量的 8.8%（见图版照片 33）。

3.2.2　②号锐钛矿矿体特征

②号矿体产于茅口灰岩顶部喀斯特洼地中。矿体在地表呈北北西—南南东向的不规则透镜状展布、剖面为似层状，矿体地表分布面积约 297982m²，是该矿床规模最大的矿体。分布于海拔 1338.90~1453.53m 的喀斯特丘丛上的微型洼地中，长 580~955m、宽 93~590m、厚度 2.70~42.0m，厚度变化系数 42.5%，厚度变化较稳定（图 3-3 和图 3-5）。TiO₂平均品位 4.29%，品位变化系数 17.9%，变化稳定。（332+333）TiO₂资源量 55.76×10⁴t，占全矿床 TiO₂总资源量的 54.4%（见图版照片 34 和照片 35）。

3.2.3　③号锐钛矿矿体特征

③号矿体产于茅口灰岩顶部喀斯特洼地中。矿体在地表呈近东西向的不规则状

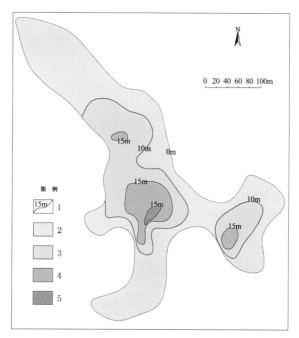

1.矿体厚度等值线；2.矿层厚度 0~10m；3.矿层厚度 10~15m；4.矿层厚度 15~20m；5.矿层厚度 20~25m

图 3-4　①号锐钛矿矿体矿层厚度等值线图

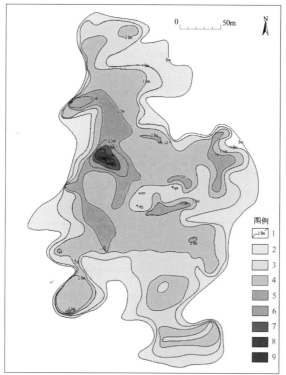

1.矿体厚度等值线；2.矿层厚度 0~10m；3.矿层厚度 10~15m；4.矿层厚度 15~20m；5.矿层厚度 20~25m；6.矿层厚度
25~30m；7.矿层厚度 30~35m；8.矿层厚度 35~40m；9.矿层厚度>40m

图 3-5　②号锐钛矿矿体矿层厚度等值线图

展布、剖面为似层状，分布于海拔 1491.16~1498.45m 的喀斯特丘丛上的微型洼地中。矿体地表分布面积约 204135m²，长 320~789m、宽 155~465m、厚度 3.50~24.8m，厚度变化系数 41.7%，厚度变化较稳定（图 3-3 和图 3-6）。TiO_2 平均品位 4.29%，品位变化系数 15.7%，变化稳定；Sc_2O_3 平均品位 83.135×10^{-6}，品位变化系数 14.9%，变化稳定。（332+333）TiO_2 资源量 $37.68 \times 10^4 t$，占全矿床 TiO_2 总资源量的 36.8%（见图版照片 36）。

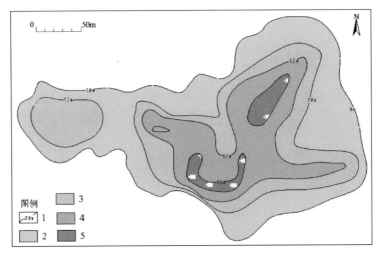

1.矿体厚度等值线；2.矿层厚度 0~10m；3.矿层厚度 10~15m；4.矿层厚度 15~20m；5.矿层厚度 20~25m

图 3-6　③号锐钛矿矿体矿层厚度等值线图

3.3　矿石特征

3.3.1　矿石类型

矿石类型为氧化矿石，大体可分为五类：黏土质氧化矿石、硅质黏土质氧化矿石、硅质凝灰质黏土氧化矿石、铁锰氧化物硅质黏土氧化矿石及高岭土硅质氧化矿石。

3.3.2　矿石矿物成分

3 个矿体的矿石主要为红色、黄色含钪–锐钛矿黏土及亚黏土，黏土中常含角砾，角砾成分多为玄武质火山碎屑岩，黏土质硅质岩、铁锰质黏土岩、凝灰岩等，砾石大小不等，2mm 至数十厘米。矿石矿物主要有锐钛矿、褐铁矿、少量磁铁矿、钛铁矿、黄铁矿、毒砂。脉石矿物主要有高岭石、绢云母、绿泥石、石英，其次可见斜长石，偶见锆石、电气石、绿帘石等。矿石成分较复杂，保留有原岩中的褐铁矿化玄武岩、褐铁矿化硅质岩、黏土质硅质岩、黏土化玄武质沉火山碎屑岩夹黏土岩等。

经光薄片镜下观察、X 射线粉晶衍射分析、人工重砂分析、电子探针分析，发现矿石中共有氧化物、硅酸盐、硫化物 3 类共 14 种矿物存在，其中氧化物约占38.7%，硅酸盐约占 61%，硫化物偶见，锐钛矿占 4.6% 左右。矿物组成及含量如图 3-7 及表 3-1 所示。

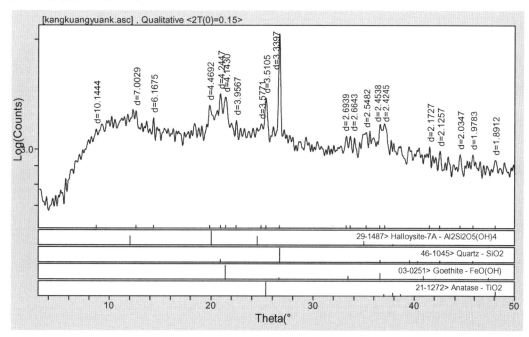

图 3-7　原矿 X-射线粉晶衍射图

表 3-1　沙子锐钛矿床矿石矿物成分简表

类型	矿物名称	分子式	粒度 /mm	含量 /%
氧化物	锐钛矿	TiO_2	0.003~0.09	4.6
	褐铁矿	FeOOH	<0.004，0.05~0.3	25
	石英	SiO_2	0.05~0.1	9
	磁铁矿	Fe_3O_4	<0.06	0.1
	钛铁矿	$FeTiO_3$	<0.06	偶见
硅酸盐	高岭石	$Al_4[Si_4O_{10}](OH)_8$	<0.004	48
	绢云母	$K\{Al_2[AlSi_3O_{10}](OH)_2\}$	<0.03	9
	绿泥石	$(Mg,Fe,Al)_3(OH)_6\{(Mg,Fe^{2+},Al)_3$ $[(Si,Al)]_4O_{10}(OH)_2\}$	<0.03	3
	斜长石	$Na[AlSi_3O_8]$	0.01~0.2	<1
	锆石	$ZrSiO_4$	0.05~0.1	偶见于重砂中
	电气石	$Na(MgFeLiAl)_3Al_6[Si_6O_{18}]$ $[BO_3]_3(OH,O,F)_4$	0.05~0.15	偶见于重砂中
	绿帘石	$Ca_2FeAl_2[Si_2O_7][SiO_4]O(OH)$	0.05~0.15	偶见于重砂中
硫化物	毒砂	FeAsS	0.05~0.15	偶见于重砂中
	黄铁矿	FeS_2	0.05~0.15	
合计	—	—	—	99.7

3.3.3　矿石结构构造

1.矿石构造

肉眼观察，矿石呈土黄色、浅褐色、灰色，疏松土块状，主要为土块状构造，其次还见块状、蜂窝状、角砾状构造；镜下观察，部分褐铁矿沿矿石裂隙呈细脉状分布，使矿石同时具细脉状构造（见图版照片37~照片44）。

2.矿石结构

泥质结构：矿石主要由铁质、泥质组成，粒度多数<0.004mm，不论是变余斑晶还是基质，多数均由泥质组成，部分泥质具重结晶现象，重结晶成高岭石、绢云母等矿物，构成矿石的泥质结构（见图版照片45~照片47）。

显微鳞片状结构：矿石中的绢云母、高岭石、绿泥石等矿物多呈显微鳞片状，无序分布，粒度常<0.03mm，构成显微鳞片状结构（见图版照片48~照片50）。

变余斑状结构：基质具变余泥质结构，矿石的原岩为火成岩的喷出岩。原岩斑晶组成已不能分辨，现主要由铁质、泥质（高岭石、绢云母等）组成，其混合集合体常呈板状、柱状、浑圆状，可见溶蚀现象、碎裂现象和聚斑现象，边缘均较为清晰。基质主要由粒度<0.004mm的铁泥质组成，含少量碎屑颗粒，碎屑颗粒有石英、云母、长石等矿物，棱角状、他形粒状，杂乱分布（见图版照片51和照片52）。

蚀变填间结构：次要结构，部分矿石原岩为玄武岩，蚀变严重，暗色矿物几乎完全蚀变为铁泥质和黏土矿物，斜长石有部分残余，轮廓显示为自形的长条状，搭成格架，格架间充填他形粒状矿物或隐晶质矿物，构成矿石的蚀变填间结构。

胶态结构：偶见的结构之一。矿石局部的褐铁矿为胶态状，分布于矿石的裂隙或碎屑颗粒之间。

微晶结构：偶见的结构之一。矿石局部可见石英呈粒度<0.03mm的微晶集状合体，颗粒之间彼此镶嵌状分布，孔洞中充填少量铁泥质，构成矿石的微晶结构。

其次有假象结构、交代残余结构、粉砂结构及细砂结构等（见图版照片53~照片62）。

3.3.4　矿石化学成分

沙子锐钛矿矿床矿石中的主要氧化物有：SiO_2、Al_2O_3、Fe_2O_3、TiO_2，总量81.64%~88.15%，与现代红土风化壳、贵州西部红土型金矿红土的主要特征相近，但TiO_2含量偏高。矿石中的铁全为Fe_2O_3，表明矿石强风化，氧化相当彻底。SiO_2含量全小于55%，为黏土质矿石。TiO_2与Fe_2O_3正相关，相关系数91.06%，反映锐钛矿与原岩含铁矿物有共（伴）生关系。TiO_2与Al_2O_3及LOSS（烧失量）正相关，相关系数分别为86.21%及66.36%，反映锐钛矿与原岩黏土矿物有共（伴）生关系。

第 4 章　矿床地球化学特征

黔西南地区是我国重要的矿产基地之一，是主要的金矿集中区。该区有关金矿床的地球化学特征已有大量文献刊出（王砚耕等，2000；毛德明等，1992；聂爱国，2009）。众多专家和学者对黔西南地区金矿床地的球化学特征进行了深入的研究（汪云亮，1991；谭运金，1994；苏文超等，2001；陈俊华，1994），并取得了丰硕的成果，但对该区锐钛矿矿床的地球化学特征研究尚属空白。因此，本章针对这一问题，对沙子富钪锐钛矿区进行了大量的样品采集、测试，进行大量的数据分析，开展该富钪锐钛矿矿床的地球化学特征研究。

4.1　常量元素地球化学特征

针对三个工业矿体共采取 10 件样品作常量元素分析，其中：①号锐钛矿矿体为 ZK5501、ZK5902 两个样品；②号锐钛矿矿体为 5 件样品：ZK21-2、ZK903、ZK104、ZK1103、ZK1701；③号锐钛矿矿体 3 件样品：ZK23-1、ZK5003、ZK5401。分析结果见表 4-1。

由表 4-1 可知，矿石中的主要氧化物 SiO_2、Al_2O_3、Fe_2O_3、TiO_2，总量为 81.64%~88.15%，其含量除与一般黏土相似外，还与贵州红土风化壳、贵州西部红土型金矿红土及近代风化壳红土的主要特征相近（王砚耕等，2000；廖义玲等，2004；朱立军等，2004；陈平等，1997；李文达等，1995；陈世益等，1994；李景阳等，1986，1991），但矿石中 TiO_2 及 Fe_2O_3 含量较红土风化壳与贵州西部红土型金矿红土中的含量偏高。

从表 4-1 及图 4-1 中可以看出，三个工业矿体中所采集的样品测试结果显示，SiO_2 的含量均小于 55%，为黏土质矿石。根据图 4-1，SiO_2 的含量在 30%~50% 范围

表 4-1　晴隆沙子锐钛矿矿石常量元素分析结果 (10^{-2}) 及相关系数表

样品编号	SiO_2	Al_2O_3	Fe_2O_3	TiO_2	CaO	MgO	K_2O	Na_2O	MnO_2	P_2O_5	LOSS
ZK5501	34.26	21.08	23.10	4.71	0.20	0.32	0.52	0.021	0.29	0.35	12.78
ZK5902	30.26	24.23	23.95	4.97	0.058	0.17	0.35	0.036	0.32	0.49	13.62
ZK21-2	32.16	21.40	23.74	4.71	0.90	1.39	1.30	0.46	0.16	0.27	12.02
ZK903	26.60	24.19	25.82	5.03	0.065	0.13	0.44	0.032	0.25	0.37	14.04
ZK104	41.08	19.70	19.45	3.93	0.26	0.51	0.61	0.0042	0.21	0.35	11.80
ZK1103	51.22	16.09	16.94	3.90	0.20	0.34	1.48	0.016	0.066	0.52	7.78
ZK1701	46.10	15.26	18.18	3.42	1.35	1.30	0.87	1.02	0.12	0.47	10.34
ZK23-1	36.96	21.45	20.89	3.80	0.25	0.47	0.67	0.047	0.26	0.39	12.68
ZK5003	29.62	23.38	25.52	5.16	0.080	0.20	0.52	0.038	0.32	0.39	13.74
ZK5401	43.28	18.34	16.31	3.80	0.82	0.92	0.64	0.020	0.22	0.40	12.32
SiO_2	1										
Al_2O_3	-0.9538	1									
Fe_2O_3	-0.9519	0.8915	1								
TiO_2	-0.8732	0.8621	0.9106	1							
CaO	0.4397	-0.6426	-0.4822	-0.5812	1						
MgO	0.3583	-0.5439	-0.4025	-0.5013	0.9518	1					
K_2O	0.5877	-0.6138	-0.4414	-0.3802	0.3961	0.5054	1				
Na_2O	0.2632	-0.4969	-0.1892	-0.3921	0.8563	0.7733	0.3264	1			
MnO_2	-0.7782	0.8309	0.6643	0.6443	-0.5577	-0.5574	-0.8700	-0.4905	1		
P_2O_5	0.4967	-0.3826	-0.4181	-0.3050	-0.0719	-0.2736	0.0773	0.0619	-0.2446	1	
LOSS	-0.8982	0.8727	0.7472	0.6637	-0.3519	-0.3269	-0.8262	-0.3070	0.9062	-0.4715	1
贵州西部红土型金矿红土	51.50	22.39	10.93	1.56	0.22	0.13	0.97	0.16	0.13	0.022	9.50
贵州红土风化壳	52.35	22.02	8.55	1.16	0.20	1.38	1.97	0.10	0.02	0.037	12.07

注：贵州西部红土型金矿红土（王砚耕等，2000）；贵州红土风化壳（廖义玲等，2004；朱立军等，2004）。

内变化时，TiO_2 的含量随 SiO_2 的含量增加而减小，说明 TiO_2 与 SiO_2 负相关。

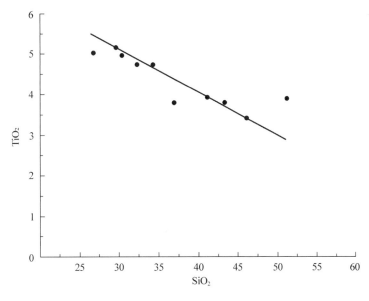

图 4-1　TiO_2 与 SiO_2 相关关系图解

　　从图 4-2、图 4-3 及表 4-1 中可以看出，TiO_2 与 Al_2O_3 及 LOSS（烧失量）呈显著的正相关关系，相关系数分别为 86.21% 及 66.36%，反映锐钛矿与原岩黏土矿物有共（伴）生关系。

　　由表 4-1 及图 4-4 可以看出 TiO_2 与 Fe_2O_3 呈正相关关系，相关系数 91.06%，矿石中的铁全为 Fe_2O_3，表明矿石强风化，氧化相当彻底，反映锐钛矿与原岩含铁矿物有共（伴）生关系。

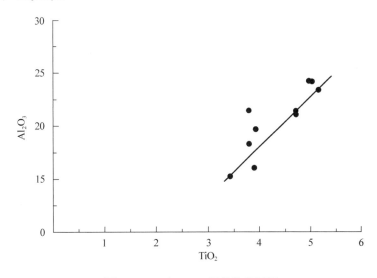

图4-2　TiO_2 与 Al_2O_3 相关关系图解

表 4-2　晴隆沙子锐钛矿矿石、玄武岩稀土元素分析结果表　($\times10^{-6}$)

样品编号	La	Ce	Pr	Nd	Sm	Eu	Gd	Tb	Dy	Ho	Er	Tm	Yb	Lu	Y
①号矿体 ZK1-2	78.35	103.00	28.60	136.00	35.70	10.70	38.00	5.56	28.70	5.08	12.60	1.54	8.67	1.11	143.00
ZK21-2	46.71	79.23	10.88	44.95	9.60	2.57	10.31	1.55	9.02	1.88	5.54	0.75	4.59	0.69	74.20
ZK2304	21.35	41.44	7.18	32.02	8.21	2.37	8.27	1.28	7.15	1.43	3.89	0.54	3.36	0.47	29.26
ZK2101	37.83	70.29	11.45	47.29	9.75	2.37	7.85	1.26	6.80	1.41	4.16	0.62	3.96	0.56	33.20
ZK302	22.97	50.96	6.13	26.43	6.01	1.89	6.51	1.02	5.79	1.12	3.26	0.42	2.78	0.37	27.88
ZK001	40.47	63.91	10.52	44.56	10.32	3.05	11.23	1.79	10.06	2.06	5.67	0.79	4.63	0.65	65.76
ZK1301	26.24	64.03	7.82	34.53	8.00	2.48	8.09	1.26	6.97	1.37	3.76	0.49	3.00	0.41	31.20
ZK1102	41.86	95.39	10.24	41.88	9.17	2.48	9.10	1.43	8.34	1.65	4.85	0.66	4.16	0.59	48.75
ZK103	29.10	50.68	8.57	36.84	8.50	2.41	8.46	1.33	7.58	1.52	4.30	0.59	3.60	0.52	38.72
ZK203	17.16	59.18	5.62	24.63	6.27	1.81	6.38	1.03	6.18	1.25	3.60	0.51	3.19	0.49	29.54
ZK004	30.19	49.40	10.00	45.18	11.52	3.57	12.76	2.10	12.28	2.44	6.87	0.95	5.77	0.81	62.56
ZK903	94.12	102.19	26.81	110.49	23.85	6.80	21.65	3.35	17.61	3.27	8.89	1.13	7.27	0.95	84.74
②号矿体 ZK104	31.56	61.79	8.77	36.71	8.13	2.30	8.06	1.32	7.38	1.47	4.28	0.60	3.80	0.57	40.31
ZK1103	38.68	99.17	10.57	42.82	9.38	2.62	8.82	1.36	7.51	1.43	3.91	0.55	3.57	0.48	36.33
ZK1701	49.83	89.47	14.38	61.84	13.97	4.08	14.18	2.14	11.00	2.01	5.51	0.71	4.04	0.58	50.93
ZK1105	28.02	71.34	7.13	28.31	5.99	1.56	5.32	0.82	4.33	0.85	2.48	0.35	2.24	0.32	18.81
ZK704	53.66	75.26	12.95	54.07	12.17	3.47	12.56	1.97	10.75	2.09	5.86	0.78	4.80	0.68	70.69
ZK306	139.97	155.42	31.90	121.50	23.83	5.65	18.34	2.64	13.66	2.57	7.29	0.98	6.00	0.86	72.89
ZK805	51.07	97.19	14.78	64.34	14.51	4.26	15.14	2.40	13.47	2.63	7.25	0.98	5.76	0.81	75.66
ZK511	135.79	188.17	33.32	137.20	27.13	7.53	24.36	3.76	19.71	3.70	11.03	1.32	8.21	1.18	100.25
ZK508	48.73	117.29	15.46	69.77	17.14	5.17	18.98	2.88	16.29	3.11	8.55	1.11	6.83	0.91	85.24
ZK906	68.45	100.84	17.56	73.33	15.96	4.47	15.52	2.43	13.32	2.55	7.27	0.99	5.99	0.84	72.76
③号矿体 ZK23-3	51.46	70.07	13.91	58.18	12.77	3.51	12.59	1.94	10.59	2.01	5.66	0.73	4.23	0.61	60.26
ZK23-1	47.44	87.04	12.95	56.87	13.26	3.75	12.81	1.97	10.74	2.08	5.86	0.80	4.84	0.69	64.22
ZK5602	53.88	83.78	14.94	63.33	14.30	3.61	12.79	1.82	10.22	2.05	5.92	0.77	4.63	0.67	63.68
ZK11-2	43.38	87.34	13.91	61.86	14.01	3.96	12.12	1.81	10.03	1.88	5.20	0.71	4.32	0.59	46.84
ZK12-2	38.78	94.07	11.02	46.98	11.24	3.26	11.46	1.78	10.22	2.06	5.84	0.84	5.35	0.77	52.68

续表

样品编号		La	Ce	Pr	Nd	Sm	Eu	Gd	Tb	Dy	Ho	Er	Tm	Yb	Lu	Y
玄武岩	B-2	25.3	52.1	7.19	32.3	7.34	2.22	8.15	1.31	7.42	1.42	4.11	0.56	3.45	0.46	39.1
	B-4	26.6	55.6	7.82	34.4	8.26	2.42	8.76	1.36	7.84	1.52	4.29	0.57	3.61	0.52	40.3
	B-6	24.7	52.4	7.33	31.4	7.05	2.28	7.54	1.22	6.74	1.34	3.81	0.52	3.29	0.48	33.5
	B-8	27.9	58.5	8.02	34.3	8.12	2.54	8.08	1.35	7.53	1.49	4.08	0.57	3.57	0.51	34.7
	B-10	26.2	56.6	7.51	32.5	7.67	2.43	7.94	1.24	7.10	1.41	3.88	0.52	3.26	0.48	33.3
	B-12	28.1	61.3	8.07	36.2	8.25	2.53	8.90	1.38	7.85	1.58	4.55	0.59	3.60	0.53	42.5
	B-14	26.5	58.7	8.04	34.8	8.61	2.58	8.62	1.39	7.75	1.56	4.42	0.59	3.67	0.51	36.8
球粒陨石		0.31	0.808	0.122	0.60	0.195	0.0735	0.259	0.0474	0.322	0.0718	0.210	0.0324	0.209	0.0332	1.96

表 4-3　晴隆沙子锐钛矿矿石、玄武岩稀土元素参数对比表　($\times 10^{-6}$)

样品编号		ΣREE	LREE	HREE	LREE/HREE	δEu	δCe	$(La/Yb)_N$	$(La/Ce)_N$	$(La/Sm)_N$	$(Gd/Yb)_N$
①号矿体	ZK1-2	636.61	392.35	244.26	1.61	0.88	0.52	6.09	1.98	1.38	3.54
	ZK21-2	302.48	193.94	108.54	1.79	0.79	0.82	6.86	1.54	3.06	1.81
	ZK2304	168.22	112.57	55.65	2.02	0.87	0.80	4.28	1.34	1.64	1.98
	ZK2101	238.80	178.99	59.82	2.99	0.80	0.81	6.45	1.40	2.44	1.60
	ZK302	163.56	114.40	49.16	2.33	0.92	1.01	5.57	1.17	2.41	1.89
	ZK001	275.48	172.84	102.64	1.68	0.86	0.73	5.89	1.65	2.47	1.96
	ZK1301	199.62	143.09	56.53	2.53	0.93	1.07	5.90	1.07	2.06	2.18
②号矿体	ZK1102	280.56	201.03	79.53	2.53	0.82	1.08	6.79	1.14	2.87	1.77
	ZK103	202.72	136.10	66.61	2.04	0.86	0.76	5.45	1.50	2.15	1.90
	ZK203	166.84	114.67	52.17	2.20	0.87	1.44	3.63	0.76	1.72	1.62
	ZK004	256.39	149.85	106.54	1.41	0.90	0.68	3.53	1.59	1.65	1.79
	ZK903	513.12	364.26	148.86	2.45	0.90	0.48	8.73	2.40	2.48	2.40
	ZK104	217.05	149.26	67.78	2.20	0.86	0.88	5.60	1.33	2.44	1.71
	ZK1103	267.19	203.22	63.96	3.18	0.87	1.16	7.30	1.02	2.60	1.99

续表

样品编号		ΣREE	LREE	HREE	LREE/HREE	δEu	δCe	$(La/Yb)_N$	$(La/Ce)_N$	$(La/Sm)_N$	$(Gd/Yb)_N$
	ZK1701	324.68	233.58	91.10	2.56	0.88	0.79	8.31	1.45	2.24	2.83
	ZK1105	177.89	142.37	35.52	4.01	0.83	1.19	8.42	1.02	2.94	1.91
	ZK704	321.74	211.58	110.16	1.92	0.85	0.67	7.54	1.86	2.77	2.11
②号矿体	ZK306	603.51	478.27	125.24	3.82	0.80	0.54	15.73	2.35	3.69	2.47
	ZK805	370.26	246.16	124.10	1.98	0.87	0.84	5.98	1.37	2.21	2.12
	ZK511	702.67	529.15	173.52	3.05	0.88	0.65	11.15	1.88	3.15	2.39
	ZK508	417.46	273.56	143.90	1.90	0.87	1.02	4.81	1.08	1.79	2.24
	ZK906	402.26	280.62	121.65	2.31	0.86	0.68	7.71	1.77	2.70	2.09
	ZK23-3	308.50	209.89	98.61	2.13	0.84	0.62	8.21	1.91	2.54	2.40
③号矿体	ZK23-1	325.31	221.31	104.00	2.13	0.87	0.83	6.60	1.42	2.25	2.13
	ZK5602	336.39	233.84	102.55	2.28	0.80	0.70	7.84	1.68	2.37	2.23
	ZK11-2	307.96	224.46	83.49	2.69	0.91	0.85	6.77	1.29	1.95	2.26
	B-2	192.41	126.45	65.96	1.92	0.87	0.92	4.94	1.27	2.17	1.91
	B-4	203.79	135.06	68.74	1.96	0.86	0.92	4.97	1.25	2.02	1.96
	B-6	183.53	125.15	58.38	2.14	0.95	0.93	5.07	1.23	2.21	1.85
玄武岩	B-8	201.38	139.50	61.89	2.25	0.95	0.93	5.28	1.24	2.17	1.83
	B-10	192.07	132.96	59.11	2.25	0.95	0.96	5.42	1.21	2.15	1.97
	B-12	215.86	144.40	71.46	2.02	0.90	0.97	5.26	1.19	2.14	1.99
	B-14	204.52	139.16	65.36	2.13	0.91	0.96	4.87	1.18	1.94	1.89

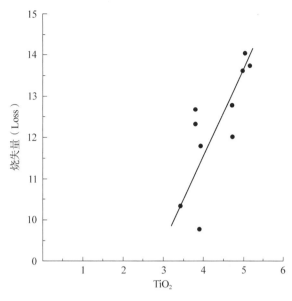

图 4-3　TiO_2 与烧失量（LOSS）相关关系图解

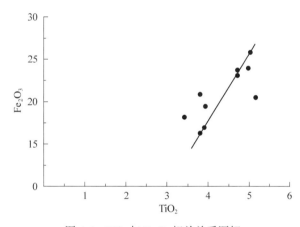

图 4-4　TiO_2 与 Fe_2O_3 相关关系图解

4.2　稀土元素地球化学特征

本章对矿区施工的 144 个钻孔中随机选择 27 个见矿钻孔，对单孔组合样作稀土元素分析，并采集矿区内玄武岩样品 7 件，分析结果列于表 4-2 和表 4-3。作区内玄武岩及 3 个矿体矿石稀土分布模式图（图 4-5 和图 4-6），其特征分析如下：

（1）矿区内玄武岩的稀土元素总量（$\sum REE$）为 183.53×10^{-6}~215.86×10^{-6}，贵州西部玄武岩的稀土元素总量（$\sum REE$）为 144.73×10^{-6}~265.500×10^{-6}（毛德明等，1992），其丰度变化在贵州西部玄武岩的范围内。矿区内玄武岩的稀土元素球粒陨

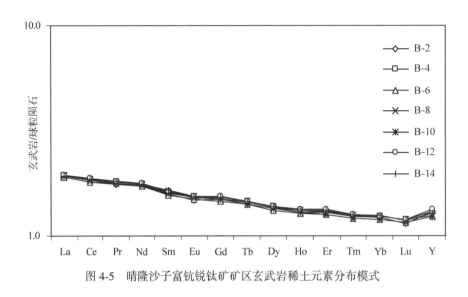

图 4-5　晴隆沙子富钪锐钛矿矿区玄武岩稀土元素分布模式

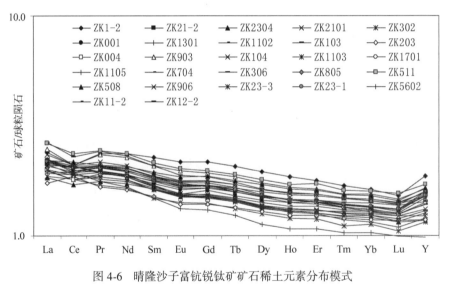

图 4-6　晴隆沙子富钪锐钛矿矿石稀土元素分布模式

石图型 REE 分布模式为右倾型。样品中 LREE 为 $125.15 \times 10^{-6} \sim 144.40 \times 10^{-6}$，HREE 为 $58.38 \times 10^{-6} \sim 71.46 \times 10^{-6}$，LREE/HREE 为 $1.92 \sim 2.25$，轻稀土较富集。贵州西部玄武岩为钠化玄武岩，在偏碱性的介质中轻重稀土两组元素分离，导致轻稀土较富集。

（2）矿区 3 个矿体矿石的稀土元素总量（$\sum$REE）都较高，绝大多数为 $163.56 \times 10^{-6} \sim 370.26 \times 10^{-6}$，部分样品稀土元素含量为 $402.26 \times 10^{-6} \sim 702.67 \times 10^{-6}$，矿石中稀土元素有不同程度的富集。矿区内 3 个矿体矿石的稀土元素球粒陨石图型 REE 分布模式为右倾型，多数样品与区内玄武岩相似，显示两者有极强的亲源性（王中刚等，1989）。样品中 LREE 为 $112.57 \times 10^{-6} \sim 529.15 \times 10^{-6}$，HREE 为 $35.52 \times 10^{-6} \sim 244.26 \times 10^{-6}$，LREE/HREE 为 $1.41 \sim 4.01$，平均为 2.71，轻稀土富集。即锐钛矿形成于偏碱性环

境，导致轻重稀土两组元素进一步分离。

（3）矿区内玄武岩 δEu 为 0.86~0.95，均小于 1，呈现 Eu 的弱负异常。δCe 为 0.92~0.97，均小于 1，显示了玄武岩中主要矿物斜长石与辉石按比例同时结晶。矿区 3 个矿体矿石 δEu 为 0.79~0.93，均小于 1，呈现 Eu 的弱负异常。而 δCe 为 0.48~1.44，大多数在 0.48~0.88，少数为 1.01~1.44，其值变化较大。表明矿床成矿物质来源与玄武岩有关，但在成矿作用过程中，辉石在低温低压弱碱性水体中的分解（Винчелл ИДР，1953；Doucet et al.，1967）及风化作用等复杂过程中亏损差异十分明显。

4.3 微量元素地球化学特征

随机选择矿床 27 个见矿钻孔，对单孔组合样 27 件及矿区内采集的玄武岩样品 7 件作微量元素定量全分析，分析结果列于表 4-4。统计计算矿石微量元素丰度范围、平均值，与大陆上地壳平均值对比，求元素浓集克拉克值。经对比，24 个微量元素中，Au、Ag、As、Hg、Sb、Tl、V、Ti、U、Fe、Mn、Sc、Th、Cu、Cr 及 Co 有较明显的富集。

沙子锐钛矿矿石中微量元素 Au、Ag、As、Hg、Sb、Tl、V、Ti、U、Pb、Fe、Mn、Sc、Th、Cu、Cr 及 Co 的相关性，分别列于微量元素相关关系表中（表 4-5）。根据沙子锐钛矿矿石微量元素统计结果（表 4-4），可见 Au、Ag、As、Hg、Sb、Tl、V、U、Pb、Fe、Mn、Th、Cu、Cr 及 Co 元素在锐钛矿矿石中都有一定富集，但均未富集到可综合利用的浓度。

根据矿石中微量元素（n=27）的相关分析结果，以相关系数 0.6 正相关水平以上，其相关元素明显分为两组：

（1）Au-Ag-As-Sb-Hg-Tl 组合，各元素都有一定富集，高于地壳的平均丰度（黎彤等，1990）。此组合与贵州西南部红土型金矿矿石微量元素组合相同（王砚耕等，2000），反映锐钛矿的形成与区域背景峨眉山玄武岩喷发初期于茅口灰岩顶部形成的大面积分布的硅质黏土岩一致，此硅质黏土岩是红土型金矿及锐钛矿形成的主要围岩。

（2）Sc-TiO$_2$-Cu-Fe-Mn 组合，反映在区域背景下，局限水体的特征地球化学环境，即在地表强氧化带局限水体，富含铁、锰、钪、钛的玄武岩喷发物落入水体，经水解，形成低温低压及弱碱性水环境，原玄武岩中的二价铁氧化为三价铁形成褐铁矿，原玄武岩中的二价锰氧化为三价或四价锰形成硬锰矿，钛在氧气供应充分、低温低压及弱碱性的环境下形成锐钛矿（Jackson et al.，2006；Force，1991）。

表 4-4 晴隆沙子锐钛矿矿石相关微量元素统计结果表

样品编号	Ag (10^-6)	Sb (10^-6)	Hg (10^-6)	As (10^-6)	Co (10^-6)	Cr (10^-6)	Cu (10^-6)	Pb (10^-6)	TFe (10^-2)	Mn (10^-6)	Sc (10^-6)	Tl (10^-6)	V (10^-6)	Au (10^-6)	TiO$_2$ (10^-2)
ZK1-2	0.145	15.7	0.325	1805	47.0	122	276	12.79	10.14	34.3	1608	0.445	401	0.05	1.84
ZK21-2	0.052	13.76	0.544	75	45.4	212	164	17.11	8.14	27.2	512	0.503	352	0.09	2.40
ZK2304	0.154	4.28	0.573	266	69.0	111	389	7.79	12.52	42.5	2368	0.848	487	0.02	4.38
ZK2101	0.113	40.81	0.301	114	44.4	187	272	13.87	8.84	32.3	745	0.492	531	0.03	4.03
ZK302	0.558	7.43	0.287	73	62.8	117	296	7.65	12.95	41.9	1475	0.414	506	0.03	3.87
ZK001	0.116	24.09	0.310	113	69.8	126	373	7.47	11.02	39.1	1765	1.335	468	0.07	3.89
ZK1301	0.175	1.98	0.291	23	101.7	106	432	6.90	13.19	49.2	2185	0.262	523	0.09	4.72
ZK1102	0.108	12.19	0.291	69	51.3	174	308	17.19	12.27	39.2	1114	0.761	495	0.07	4.02
ZK103	0.107	13.86	0.325	170	57.5	148	307	9.55	11.96	37.4	1264	0.599	495	0.06	3.89
ZK203	0.182	12.00	0.254	121	102.0	127	525	8.02	12.93	48.1	2266	0.468	553	0.04	4.82
ZK004	0.092	3.93	0.132	35	62.1	116	377	6.90	12.53	47.1	1954	0.277	508	0.06	4.80
ZK903	0.167	29.37	0.338	69	172.6	147	601	8.80	12.52	42.5	2722	0.490	565	0.09	5.20
ZK104	0.113	7.90	0.315	81	57.3	158	324	15.16	13.35	43.7	1254	0.543	519	0.06	4.41
ZK1103	0.126	7.74	0.291	27	77.9	151	313	14.77	13.41	41.2	2060	0.476	491	0.07	4.24
ZK1701	0.177	1.47	0.132	22	111.3	121	445	6.941	14.17	50.0	3892	0.189	607	0.11	4.98
ZK1105	0.132	5.17	0.160	31	113.4	156	363	10.056	14.47	46.4	2417	0.307	545	0.07	5.53
ZK23-3	0.074	16.40	0.386	32	87.7	136	295	10.750	10.99	37.8	1035	0.343	454	0.06	3.70
ZK23-1	0.105	11.87	0.357	23	74.8	192	362	11.33	13.34	45.7	1628	0.300	535	0.05	4.64
ZK5602	0.332	29.37	4.32	3753	29.6	165	307	14.18	7.63	24.7	624	5.377	611	0.36	5.13
ZK11-2	0.124	0.99	0.154	4.6	84.4	129	396	8.395	14.49	51.9	1922	0.191	591	0.09	5.06
ZK12-2	0.170	1.06	0.126	128	92.3	151	608	5.731	16.92	53.8	1902	0.138	585	0.08	5.54
ZK704	0.222	19.47	0.330	163	57.8	149	286	8.605	10.60	33.3	1216	0.868	465	0.06	3.60
ZK306	0.130	61.71	0.667	624	70.5	171	386	14.43	8.97	30.1	1172	0.793	592	0.11	3.89
ZK805	0.069	4.95	0.160	51	88.9	131	409	8.218	14.92	47.9	1847	0.250	547	0.05	4.79
ZK511	0.317	31.46	0.254	194	59.9	174	367	16.42	11.08	36.6	1028	0.603	568	0.10	4.12
ZK508	0.097	6.50	0.169	38	114.8	128	405	14.72	13.27	43.5	2319	0.457	505	0.01	4.58

续表

样品编号	Ag (10⁻⁶)	Sb (10⁻⁶)	Hg (10⁻⁶)	As (10⁻⁶)	Co (10⁻⁶)	Cr (10⁻⁶)	Cu (10⁻⁶)	Pb (10⁻⁶)	TFe (10⁻²)	Mn (10⁻⁶)	Sc (10⁻⁶)	Tl (10⁻⁶)	V (10⁻⁶)	Au (10⁻⁶)	TiO₂ (10⁻²)
ZK906	0.114	31.46	0.385	353	45.2	145	293	11.99	10.71	1034	35.9	0.625	465	0.09	3.46
B-2	0.118	0.25	0.015	1.59	44.9	68.4	322	—	9.00	1287	35.8	0.035	345	—	—
B-4	0.074	0.25	0.023	1.60	45.4	73.7	215	—	9.55	1436	34.6	0.038	209	—	—
B-6	0.064	0.22	0.023	1.69	44.2	71.7	205	—	9.62	1563	34.5	0.048	281	—	—
B-8	0.028	0.38	0.027	2.25	45.0	73.0	23.1	—	9.11	1166	33.5	0.062	361	—	—
B-10	0.215	0.35	0.026	1.91	45.1	70.0	359	—	8.66	1199	32.2	0.098	371	—	—
B-12	0.188	0.25	0.032	1.96	45.7	72.3	363	—	9.82	1354	34.9	0.034	383	—	—
B-14	0.115	0.25	0.053	3.09	64.2	77.9	284	—	10.61	1739	34.6	0.024	390	—	—
平均值	0.18	14.46	0.61	492.2	80.1	146	376	10.43	11.92	1615.13	40.3	0.870	507	0.083	4.07
大陆上地壳平均丰度值*	0.05	0.2	0.012	1.5	10	35	25	20	4.5	800	11	0.75	60	0.002	0.65
浓集克拉克值	3.61	72.31	49.41	328.12	8.01	4.18	15.06	0.52	2.65	2.02	3.7	1.16	8.45	46.07	6.26

表 4-5　晴隆沙子锐钛矿矿石微量元素相关系数表

	Au	Ag	Hg	As	Sb	Tl	V	Ti	U	Pb	Fe	Mn	Sc	Th	Cu	Cr	Co
Au	1.0000	0.8208	0.9198	0.8208	0.2918	0.8868	0.3934	0.1529	0.3137	0.1815	0.1121	0.2196	0.1133	0.2576	0.0170	0.2220	0.2279
Ag	—	1.0000	0.3189	0.3016	0.0531	0.3257	0.2706	0.1807	0.0315	0.1350	0.0580	0.0530	0.0990	0.1365	0.0199	0.1715	0.1112
Hg	—	—	1.0000	0.8999	0.2875	0.9737	0.2388	0.0361	0.1871	0.2380	0.5125	1.0000	0.3539	0.2975	0.1812	0.1913	0.3535
As	—	—	—	1.0000	0.3002	0.8958	0.1300	0.1807	0.6339	0.2370	0.5213	0.3179	0.5109	0.3238	0.1912	0.0766	0.1059
Sb	—	—	—	—	1.0000	0.3257	0.0910	0.3186	0.1937	0.1265	0.7237	0.1931	0.7102	0.1019	0.1609	0.1555	0.2126
Tl	—	—	—	—	—	1.0000	0.2097	0.0220	0.5252	0.2323	0.5276	0.3555	0.5540	0.2574	0.1875	0.1589	0.3812
V	—	—	—	—	—	—	1.0000	0.7958	0.3022	0.2485	0.3632	0.3642	0.3872	0.2842	0.6355	0.0764	0.3658
Ti	—	—	—	—	—	—	—	1.0000	0.5789	0.4254	0.6480	0.5012	0.6568	0.3814	0.6763	0.1609	0.5272
U	—	—	—	—	—	—	—	—	1.0000	0.5412	0.6631	0.4320	0.7276	0.3934	0.3569	0.2969	0.3035
Pb	—	—	—	—	—	—	—	—	—	1.0000	0.5364	0.5791	0.6350	0.9603	0.5598	0.6974	0.4257
Fe	—	—	—	—	—	—	—	—	—	—	1.0000	0.6631	0.9155	0.3736	0.6238	0.4258	0.5682
Mn	—	—	—	—	—	—	—	—	—	—	—	1.0000	0.7268	0.4448	0.6580	0.5945	0.7416
Sc	—	—	—	—	—	—	—	—	—	—	—	—	1.0000	0.4657	0.6736	0.5226	0.6004
Th	—	—	—	—	—	—	—	—	—	—	—	—	—	1.0000	0.5543	0.5615	0.4387
Cu	—	—	—	—	—	—	—	—	—	—	—	—	—	—	1.0000	0.3677	0.7605
Cr	—	—	—	—	—	—	—	—	—	—	—	—	—	—	—	1.0000	0.3302
Co	—	—	—	—	—	—	—	—	—	—	—	—	—	—	—	—	1.0000

第5章 矿石工艺学特征

5.1 矿物的嵌布特征

5.1.1 氧化物

锐钛矿：分子式是 TiO_2，含量在 4.6%左右，是矿石中主要回收对象，为钪元素的主要载体矿物。经电子探针成分分析，锐钛矿含 Ti 51.37%，含 O 47.72%，含 Si 0.91%，见图 5-1 和图 5-2。锐钛矿是钪元素的载体矿物，其含 Sc_2O_3 不均匀，部分区域约为 0.1%，部分约为 0.03%；含 TiO_2 87%~95%，含量也不均匀，这是由于蚀变的缘故。另外，锐钛矿中还含有少量其他元素，详见表 5-1 中的标准值数据栏，电子图像见图 5-3 和图 5-4。

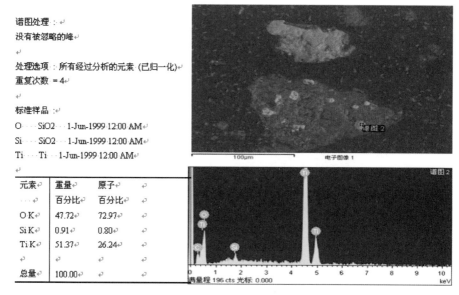

图 5-1 锐钛矿电子探针成分分析及图谱

表 5-1　锐钛矿的电子探针分析结果

点号	成分	质量百分比 /%	标准值 /%	原子百分比 /%	矿物
0021	Al$_2$O$_3$	1.068	1.095	0.2054	
	MgO	0.061	0.063	0.0149	
	SiO$_2$	1.845	1.892	0.3012	
	CaO	0.109	0.112	0.0190	
	FeO	1.108	1.136	0.1513	锐钛矿
	TiO$_2$	93.210	95.596	11.4418	
	MnO	0.006	0.006	0.0008	
	K$_2$O	0.006	0.006	0.0012	
	Sc$_2$O$_3$	0.091	0.093	0.0129	
	总计	97.504	100.000	12.1485	
0022	Al$_2$O$_3$	1.022	1.031	0.1948	
	MgO	0.214	0.216	0.0515	
	SiO$_2$	1.434	1.446	0.2318	
	CaO	0.109	0.110	0.0188	
	FeO	2.318	2.338	0.3134	锐钛矿
	TiO$_2$	93.920	94.728	11.4177	
	MnO	0.003	0.003	0.0004	
	K$_2$O	0.019	0.019	0.0040	
	Sc$_2$O$_3$	0.108	0.109	0.0152	
	总计	99.147	100.000	12.2476	
0023	Al$_2$O$_3$	0.307	0.310	0.0569	
	MgO	0.011	0.011	0.0025	
	SiO$_2$	8.330	8.400	1.3105	
	CaO	0.048	0.048	0.0081	
	FeO	1.084	1.093	0.1426	锐钛矿
	TiO$_2$	89.198	89.946	10.5539	
	MnO	0.070	0.071	0.0093	
	K$_2$O	0.013	0.013	0.0025	
	Sc$_2$O$_3$	0.107	0.108	0.0147	
	总计	99.168	100.000	12.1010	
0029	Al$_2$O$_3$	1.701	1.752	0.3422	
	MgO	0.000	0.000	0.0000	
	SiO$_2$	0.762	0.785	0.1300	
	CaO	0.029	0.030	0.0053	
	FeO	9.201	9.477	1.3135	蚀变锐钛矿
	TiO$_2$	85.248	87.804	10.9434	
	MnO	0.027	0.028	0.0039	
	K$_2$O	0.088	0.091	0.0191	
	Sc$_2$O$_3$	0.033	0.034	0.0050	
	总计	97.089	100.000	12.7624	

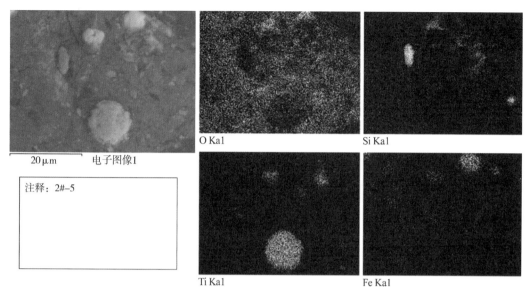

图 5-2　锐钛矿电子成分图像

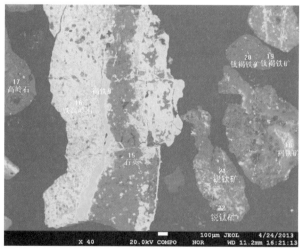

图 5-3　锐钛矿的彩色背散射电子图像

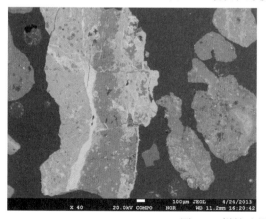

图 5-4　锐钛矿的背散射电子图像

在偏光显微镜下观察，锐钛矿主要分布在蚀变严重的玄武岩中，他形粒状、枝状、泥状，与石英、长石和高岭石等紧密连生，部分包裹在脉石矿物中，或分布在石英、长石的裂隙中，也与铁质连生，可能为岩石蚀变过程中暗色矿物分解而来，因此颗粒细小，见图版照片 63~照片 67。在人工重砂中，体视显微镜下可见的颗粒状锐钛矿极少，含量约为 0.15%；人工重砂分析使用的样品为>0.05mm 的矿样，体视显微镜下观察，锐钛矿呈黄绿色、黄褐色，金刚光泽，端口油脂光泽，四方双锥状、他形粒状，见图版照片 68。而在偏光显微镜下观察，能观察到的锐钛矿颗粒粒度小于 47.2μm 的占 96.35%，粒度小于 23.6μm 的占 75.37%，可见锐钛矿的嵌布粒度较小，详见锐钛矿的粒度统计表（表 5-2）和锐钛矿工艺粒度分布图（图 5-5）。

表 5-2 锐钛矿粒度统计结果

粒级序号	刻度数 / 格	粒度 / μm	比粒径		颗粒数 / n	面积含量比 / nd²	含量分布 / nd²%	累计含量 / ∑nd²%
			D	d^2				
I	−2+0	−11.8+0	1	1	674	674	38.43	38.43
II	−4+2	−23.6+11.8	2	4	162	648	36.94	75.37
III	−8+4	−47.2+23.6	4	16	23	368	20.98	96.35
IV	−16+8	−94.4+47.2	8	64	1	64	3.65	100.00
V	−32+16	−188.8+94.4	16	256	0	0	0	100.00
合计						1754		100.00

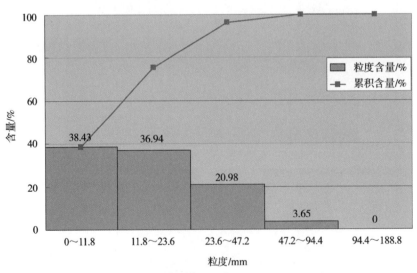

图 5-5 锐钛矿工艺粒度分布图

褐铁矿：分子式是 FeOOH，含量约 26%；经电子探针分析，褐铁矿平均含 Fe 51.06%，含 O 40.99%，含 Ti 6.13%，此外含少量 Si、Al、Ca，见褐铁矿电子探针成分分析图谱（图 5-6 和图 5-7）。褐铁矿含 Sc_2O_3 不均匀，部分区域不含，部分含量约为 0.04%。褐铁矿不是钪元素的载体矿物，平均含 FeO 70%~80%，含铁量不均匀，是由于水分含量不定和其他矿物混杂的缘故，含 TiO_2 3.6%~19%，可能为钛铁矿蚀变而来。另外钛铁矿中含有少量其他组分，详见表5-3 的标准值数据栏。

在偏光显微镜下观察，褐铁矿多数褐铁矿呈泥状浸染分布于黏土矿物中，粒

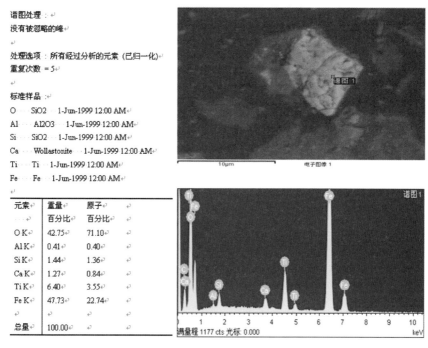

图 5-6　褐铁矿的电子探针成分分析及图谱

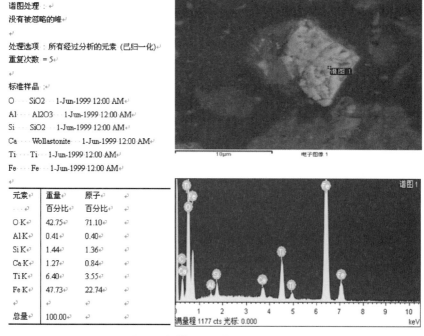

图 5-7　褐铁矿电子探针成分及图谱

表 5-3　褐铁矿的电子探针分析结果

点号	成分	质量百分比 /%	标准值 /%	原子百分比 /%	矿物
0018	Al_2O_3	10.683	13.357	3.3542	褐铁矿
	MgO	0.123	0.154	0.0490	
	SiO_2	9.666	12.085	2.5748	
	CaO	0.000	0.000	0.0000	
	FeO	56.603	70.769	12.6099	
	TiO_2	2.863	3.580	0.5736	
	MnO	0.000	0.000	0.0000	
	K_2O	0.015	0.019	0.0052	
	Sc_2O_3	0.030	0.038	0.0069	
	总计	79.983	100.000	19.1736	
0019	Al_2O_3	0.725	0.811	0.2377	褐铁矿
	MgO	0.000	0.000	0.0000	
	SiO_2	1.096	1.226	0.3047	
	CaO	0.044	0.049	0.0132	
	FeO	73.097	81.737	17.0018	
	TiO_2	14.298	15.988	2.9906	
	MnO	0.135	0.151	0.0317	
	K_2O	0.035	0.039	0.0123	
	Sc_2O_3	0.000	0.000	0.0000	
	总计	89.430	100.000	20.5920	
0020	Al_2O_3	1.833	2.027	0.5702	褐铁矿
	MgO	0.000	0.000	0.0000	
	SiO_2	1.829	2.023	0.4826	
	CaO	0.198	0.219	0.0561	
	FeO	69.172	76.495	15.2688	
	TiO_2	17.142	18.957	3.4027	
	MnO	0.119	0.132	0.0266	
	K_2O	0.134	0.148	0.0450	
	Sc_2O_3	0.000	0.000	0.0000	
	总计	90.427	100.000	19.8520	

度<0.004mm，少数呈他形粒状、泥状、胶状，他形粒状褐铁矿沿脉石或泥质的裂隙间分布，胶状褐铁矿通常呈胶结物状分布于其他矿物之间，与黏土矿物混杂分布，呈粒状颗粒产出者较少，粒度为 0.05~0.3mm；见图版照片 73~照片 77。

石英：分子式是 SiO_2，矿石中含量约 9%。矿石中主要的脉石矿物，他形粒状，主要呈碎屑状分布于高岭石之间，少数呈微晶状、球粒状或隐晶质状，与黏土矿物和铁质混染分布，大多粒度<0.02mm，少数粒度在 0.05~0.1mm（见图版照片 78~照片 84）。

经电子探针分析，石英中含 Sc_2O_3 0.009%，由于低于电子探针的检出限，此值仅供参考，但石英不是钪的主要载体矿物。详见表 5-4 的标准值数据栏，电子图像见图 5-4。

表 5-4　石英的电子探针成分分析结果

点号	成分	质量百分比 /%	标准值 /%	原子百分比 /%	矿物
0015	Al_2O_3	0.459	0.455	0.0645	石英
	MgO	0.015	0.015	0.0027	
	SiO_2	100.102	99.318	11.9392	
	CaO	0.023	0.023	0.0029	
	FeO	0.172	0.171	0.0172	
	TiO_2	0.000	0.000	0.0000	
	MnO	0.000	0.000	0.0000	
	K_2O	0.009	0.009	0.0013	
	Sc_2O_3	0.009	0.009	0.0009	
	总计	100.789	100.000	12.0287	

磁铁矿：分子式是 Fe_3O_4，矿石中含量约 0.1%，黑色，半金属光泽至土状光泽，他形粒状，强磁性，见于人工重砂中。

钛铁矿：分子式是 $FeTiO_3$，矿石中含量极少，一般与高岭石连生，粒度为 0.01~0.05mm。经电子探针分析，钛铁矿含 Ti 34.50%，含 Fe 15.14%，含 O 46.54%，含 V 0.70%，含少量 Al、Si、As，见钛铁矿电子探针成分分析图谱（图 5-8~图 5-10）。体视显微镜下观察，钛铁矿呈黑色，半金属光泽，板状，他形粒状，偶见于人工重砂中。钛铁矿不含钪，不是钪的载体矿物。钛铁矿含 TiO_2 57%左右，其他元素的含量见表 5-5 的标准值数据栏，电子图像见图 5-9。

表 5-5　钛铁矿的电子探针分析结果

点号	成分	质量百分比 /%	标准值 /%	原子百分比 /%	矿物
0026	Al_2O_3	8.340	9.021	1.8847	蚀变钛铁矿
	MgO	0.052	0.056	0.0149	
	SiO_2	4.031	4.360	0.7729	
	CaO	0.041	0.044	0.0084	
	FeO	26.478	28.641	4.2455	
	TiO_2	53.067	57.401	7.6515	
	MnO	0.038	0.041	0.0062	
	K_2O	0.402	0.435	0.0983	
	Sc_2O_3	0.000	0.000	0.0000	
	总计	92.449	100.000	14.6824	
0027	Al_2O_3	8.818	9.591	2.0250	蚀变钛铁矿
	MgO	0.011	0.012	0.0031	
	SiO_2	2.786	3.030	0.5428	

点号	成分	质量百分比 /%	标准值 /%	原子百分比 /%	矿物
0027	CaO	0.000	0.000	0.0000	蚀变钛铁矿
	FeO	27.964	30.414	4.5565	
	TiO$_2$	52.186	56.758	7.6466	
	MnO	0.044	0.048	0.0073	
	K$_2$O	0.136	0.148	0.0338	
	Sc$_2$O$_3$	0.000	0.000	0.0000	
	总计	91.945	100.000	14.8151	

图 5-8　钛铁矿电子探针成分分析及图谱

5.1.2　硫化物

毒砂：分子式是 FeAsS，锡白色，半金属光泽，他形粒状，偶见于人工重砂中，粒度为 0.05~0.15mm（见图版照片 69）。

黄铁矿：分子式 FeS$_2$，浅黄铜色，半金属光泽，他形粒状，星点状分布于泥质中，偶见于人工重砂中，粒度为 0.05~0.15mm（见图版照片 70）。

5.1.3　硅酸盐

高岭石：分子式是 Al$_4$[Si$_4$O$_{10}$](OH)$_8$，矿石中含量约为 48%，矿石中主要的脉石

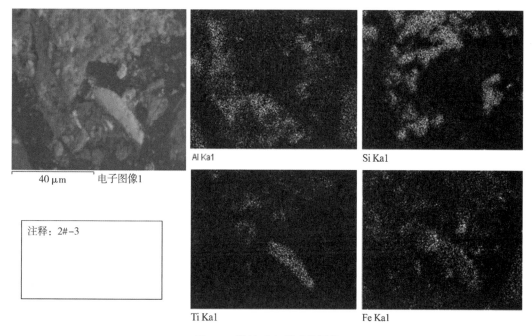

图 5-9 钛铁矿电子成分图像

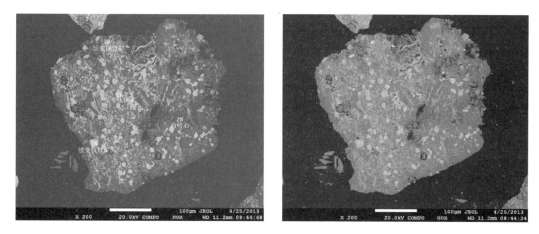

图 5-10 钛铁矿的背散射电子图像

矿物，显微鳞片状，泥状，隐晶质状，普遍分布于矿石中，大多被铁质浸染呈褐色，粒度一般<0.004mm（见图版照片 45~照片 47）。

经电子探针分析，高岭石中含 Sc_2O_3 0.01%，说明钪在高岭石中也广泛存在，但含量不高；高岭石中还含有其他组分，详见表 5-6 的标准值数据栏，电子图像见图 5-4。

绢云母：分子式是$K\{Al_2[AlSi_3O_{10}](OH)_2\}$，矿石中含量约 9%，显微鳞片状，少量白云母片状，沿黏土矿物隐晶质集合体边缘分布，为泥质重结晶形成，有时与隐晶质黏土矿物混杂分布，粒度一般<0.03mm（见图版照片 49 和照片 50）。

表 5-6　高岭石的电子探针分析结果

点号	成分	质量百分比 /%	标准值 /%	原子百分比 /%	矿物
0028	Al_2O_3	33.150	34.928	5.5516	高岭石
	MgO	0.977	1.029	0.2069	
	SiO_2	50.510	53.219	7.1766	
	CaO	0.229	0.241	0.0349	
	FeO	4.747	5.002	0.5640	
	TiO_2	0.261	0.275	0.0278	
	MnO	0.000	0.000	0.0000	
	K_2O	5.021	5.290	0.9101	
	Sc_2O_3	0.015	0.016	0.0019	
	总计	94.910	100.000	14.4738	
0016	Al_2O_3	23.895	25.749	5.1959	含铁高岭石
	MgO	0.435	0.469	0.1196	
	SiO_2	25.939	27.952	4.7852	
	CaO	0.013	0.014	0.0027	
	FeO	39.499	42.564	6.0941	
	TiO_2	0.395	0.426	0.0548	
	MnO	0.009	0.010	0.0013	
	K_2O	2.604	2.806	0.6128	
	Sc_2O_3	0.009	0.010	0.0015	
	总计	92.798	100.000	16.8679	
0017	Al_2O_3	36.538	37.405	5.8326	高岭石
	MgO	1.004	1.028	0.2027	
	SiO_2	52.414	53.658	7.0985	
	CaO	0.223	0.228	0.0323	
	FeO	4.879	4.995	0.5526	
	TiO_2	0.328	0.336	0.0334	
	MnO	0.030	0.031	0.0034	
	K_2O	2.257	2.311	0.3900	
	Sc_2O_3	0.008	0.008	0.0009	
	总计	97.681	100.000	14.1464	

　　绿泥石：分子式是 $(Mg，Fe，Al)_3(OH)_6\{(Mg，Fe^{2+}，Al)_3[(Si，Al)]_4O_{10}(OH)_2\}$，矿石中含量约 3%，显微鳞片状，分布于蚀变的玄武岩气孔中，粒度 <0.03mm（见图版照片 48 和照片 85）。

　　斜长石：分子式是 $Na[AlSi_3O_8]$，矿石中含量小于 1%，呈板条状，他形粒状，主要分布于蚀变的玄武岩中，多数在基质中，普遍蚀变为黏土矿物，少数残余状，粒度一般为 0.01~0.2mm（见图版照片 67、照片 86 和照片 87）。

　　锆石：分子式是 $ZrSiO_4$，偶见于人工重砂中。无色、淡紫色，部分见黑色矿物包体，金刚光泽，四方锥柱状、圆粒状，粒度为 0.05~0.1mm（见图版照片 71）。

电气石、绿帘石：偶见于人工重砂中，粒度为 0.05~0.15mm（见图版照片 72）。

5.2　钛元素的赋存状态

经样品化学分析，钛主要以 TiO_2 的形式存在。矿石中 TiO_2 的平均含量为 4.0%左右。经镜下观察、电子探针分析、单矿物化学分析发现，矿石中的 TiO_2 主要以微细粒包裹体的形式存在于硅酸盐及石英中，其次以类质同象的形式存在于褐铁矿中，少数以独立矿物形式存在于粒度大于 0.04mm 的锐钛矿中，详见表 5-7。

表 5-7　TiO_2 在各主要矿物中的分配率

矿物	矿物含量 /%	矿物中 TiO_2 的含量 /%	矿物中 TiO_2 的分配量 /%	TiO_2 在各主要矿物中的分配率 /%
包裹在硅酸盐、石英中<0.04mm 的锐钛矿	72.8	4.37	3.18	77.38
褐铁矿	26	3.00	0.78	18.97
可解离>0.04mm 的锐钛矿 *	0.15	0.15	0.15	3.65
合计	99.0	—	4.11	100.00

注：* 表示人工重砂分析时所确定的锐钛矿含量。

从表 5-7 的结果中可以看出，TiO_2 主要以微细粒包裹体的形式存在于硅酸盐和石英中，占 77.38%，这部分的 TiO_2 为脉石矿物中泥状及颗粒细小的锐钛矿包裹体，即使将矿样磨矿至<0.04mm 的细度来分离单矿物，脉石矿物中仍有锐钛矿的存在；其次钛元素以类质同象的形式赋存在褐铁矿中，占 18.97%；而以独立矿物的形式赋存在粒度大于 0.04mm 的锐钛矿中的 TiO_2 仅占 3.65%。

5.3　锐钛矿选矿工艺结果

由于晴隆沙子锐钛矿的矿物颗粒很细小，用常规的物理选矿方法根本无法将锐钛矿选出。通过多次化学选矿试验，原矿石采用"焙烧—酸浸—碱浸"处理，可得到 TiO_2 品位为 42.32% 的锐钛矿，回收率为 83.16%。TiO_2 品位为 42.32% 的锐钛矿可以作为精矿产品销售，用萃取可获 99.99% 的 Sc_2O_3 产品，钪的浸出率为 90%。还可以对溶出的铁、铝、硅进行综合回收利用，生产铁红和聚硅酸铝盐（PSA）混凝剂副产品。

锐钛矿的化学处理富集、Sc_2O_3 的提取，以及进一步制备铁红和聚硅酸铝盐（PSA）混凝剂的产品，成为不可多得的建设"绿色矿山"的资源。

第6章 晴隆沙子锐钛矿矿床成矿条件分析

6.1 峨眉地幔热柱活动条件

根据地震层析成像资料和相关地质研究资料综合分析，伴随峨眉地幔热柱构造作用出现的基性–酸性岩浆活动，始于晚古生代泥盆纪，大规模发育于晚古生代二叠纪至整个中生代，可延续到新生代早期。其中，早期（晚古生代）以基性岩浆大规模喷发活动为主，晚期（中生代–新生代早期）以酸性及碱性岩浆大规模侵入为主，伴随少量的基性–超基性岩浆侵入活动。这种由基性到酸性和碱性的岩浆演化共包括大约7个活动时期：①中晚泥盆世海底玄武岩浆喷发，主要发育于右江裂谷盆地。②石炭纪玄武岩浆喷发和层状基性–超基性岩体侵位，前者主要发育于右江裂谷盆地。后者以攀西地区红格岩体为代表。在贵州南部也有此期玄武岩喷发活动的显示，如：平塘掌布石炭纪地层见大量火山凝灰物质及大量硅质热水沉积产物"石蛋群"。③早、晚二叠世之间大规模峨眉山玄武岩喷发，其分布面积约 $50 \times 10^4 km^2$，为基性岩浆活动的高峰期，在贵州西部、中部、南部到东南部的凯里一带都有大量峨眉山玄武岩或火山凝灰物质的产出。其实，在贵州西南部的早二叠世就有大量的火山凝灰物质喷发，如：在黔西南兴仁县下山镇一带茅口组灰岩中见到大量的火山凝灰物质，说明早二叠世火山活动的存在，这在其他地域鲜有发现。④晚二叠世酸性火山喷发，火山灰沉积遍及整个华南地区，为酸性岩浆喷发高峰期。⑤早、中三叠世之间的酸性火山喷发，火山灰形成"绿豆岩"，在贵州西部、中部有广泛的"绿豆岩"显示。⑥晚三叠世基性岩浆喷发和侵入以及酸性岩浆侵入，在贵州南部也见此期的玄武岩喷发。⑦中生代中–晚期至新生代早期，是酸性及碱性岩浆侵入活动的高峰期，小规模的基性岩浆侵入活动常常与酸性–碱性岩浆侵入活动并存，可呈基性–超基性岩体和岩墙（脉）群等形式出现，在贵州南部地区可见大量的辉绿岩岩墙（脉）群产出。

峨眉地幔热柱的岩浆活动持续时间长，在贵州活动、影响时期也相当长，几乎包括了整个晚古生代和中生代，甚至延续到新生代早期。

总之，峨眉地幔热柱胀隆产生的裂谷作用导致岩浆活动总体演化由地幔到地壳，基性到酸性，由喷发到侵入，由海相到陆相；在晚二叠世和早三叠世，贵州西部喷发大量的峨眉山玄武岩为贵州西部矿产资源的形成提供充足的物质来源，可以说没有峨眉地幔热柱活动就不可能形成峨眉山玄武岩的喷发。

6.2　区域岩相古地理条件

晚二叠世时期，峨眉地幔热柱隆升，改变了中国西南地区沉积格局。在贵州西部地区表现为掀斜式抬升，造成西北高东南低的构造格局，贵州赫章—六盘水—盘县以西至康滇古陆成为陆源地，其余部分为海水淹没，海浸方向贵州南面从南至北（图6-1）。各相区的分布极有规律，晚二叠世，由北西向南东，依次由陆相-海陆交互相-海相，各相之间均呈犬牙交错、逐渐过渡关系。相区中，各种沉积相带的横向分布亦有规律，由北西向南东，由河流相-三角洲、潮坪、潟湖-碎屑泥质潮下-局限碳酸盐台地、台地前沿斜坡、盆地。黔西和黔西南地区，潮坪发育，沉积陆源

图 6-1　晚二叠世贵州省西南部金、锑、汞、砷、铊矿含矿岩系沉积环境示意图

碎屑岩夹煤层，既有植物化石，又含蜓、腕足等海相化石，属海陆交替相区，其主体为潮坪、潟湖–碎屑泥质潮下–局限碳酸盐台地环境。一方面气候温暖潮湿，植物繁茂，另一方面受海水及淡水的双重影响，利于泥炭沼泽的形成和发展。正是在这种特殊的古地理环境条件下，陆源碎屑海岸平原地域形成了复杂而多变的海陆交替相含煤岩系。

由图 6-1 可见，在峨眉地幔热柱活动作用下产生了紫云—垭都同生断裂、潘家庄同生断裂及册亨弧形同生断裂。晴隆沙子锐钛矿矿床位于潘家庄同生断裂北西盘。潘家庄断裂呈北东走向，晚二叠世活动强烈，断裂两盘龙潭组厚度含煤性有较大差异，其北西盘的普安糯东、楼下、泥堡一带，煤系一般厚 310m 左右，而南东盘的兴仁苞谷地，龙潭组厚度增大至 380m 左右。说明当时晴隆一带属于海陆交互过渡滨岸湖坪相接近局限海台地相的特殊古地理环境。

6.3　锐钛矿矿物形成的物化条件

锐钛矿、金红石、板钛矿是 TiO_2 的 3 种同质异象的结晶组态，在自然界中以金红石分布最广，而锐钛矿和板钛矿较为少见。锐钛矿作为副矿物广布于结晶岩中，或作为榍石、钛铁矿、钛磁铁矿等矿物的蚀变产物。锐钛矿的其他物理性质、产出条件和用途等都与金红石相似，而且锐钛矿本身还可以蚀变成金红石，但不如金红石稳定，故在自然界中远比金红石少见。因此，在自然界更少见以锐钛矿为独立矿物形成的钛矿床。

三种矿物的生成条件是不同的，锐钛矿是在低温低压条件下形成的（Винчелл ИДР，1953；Doucet et al.，1967），而金红石是高温高压环境下的产物（Goldsmith et al.，1978；Force，1991）；锐钛矿要在弱碱性介质中才能形成，板钛矿是在 Na_2O 含量高的碱性介质中才能形成，而板钛矿仅在氧化钠含量较高的碱性介质中才处于稳定状态（陈武等，1985）。上述资料说明，锐钛矿的生成条件及范围较狭窄，只有在氧气供应充分、低温低压及弱碱性的环境下才能形成。而独立锐钛矿矿床的形成则必须具备以下 3 个条件：有形成钛矿的物质来源、有形成锐钛矿矿物的低温低压及弱碱性介质的环境、无后期高温高压环境使锐钛矿矿物向金红石转变。

6.4　高钛玄武岩条件

根据现有资料，贵州峨眉山玄武岩三个不同碱性程度地区的化学成分平均值和全区平均值，都是投在拉斑玄武岩系范围；但是与世界大陆拉斑玄武岩比较，贵州峨眉山玄武岩又具有不同于典型拉斑玄武岩的特点：TiO_2 含量为 3.2%~4.54%，几乎高一倍，属于高钛玄武岩；贵州峨眉山玄武岩具有高钛、低镁、相对贫钙、富铁，碱钙性区显然偏碱、固结指数明显较低等特点。从表 6-1 中可以看出，峨眉山玄武岩微量元素比值与 OIB 微量元素比值相近，与 N-MORB、大陆地壳及远洋沉积物平均微量元素比值相差大，说明峨眉山玄武岩与 OIB 玄武岩相似，均为地幔热柱成因。

表 6-1　峨眉山玄武岩元素比值特征（据宋谢炎等，2002）

元素比	原始地幔	N-MORB	大陆地壳	远洋沉积物平均	HIMU OIB	EM-1 OIB	EM-1 OIB	峨眉山玄武岩
Zr/Nb	14.8	30	16.2	14.54	32.0~5.0	5.0~13.1	4.4~7.8	7~10
La/Nb	0.97	1.07	2.2	3.2	0.66~0.77	0.78~1.32	0.79~1.19	0.8~1.6
Rb/Nb	0.91	0.36	4.7	6.4	0.35~0.38	0.69~1.41	0.58~0.87	0.9~1.7
Th/Nb	0.117	0.071	0.44	0.77	0.078~0.101	0.095~0.130	0.105~0.168	0.1~0.2
Th/La	0.125	0.067	0.204	0.240	0.107~0.133	0.089~0.147	0.108~0.183	0.1~0.15
Ba/La	9.6	4.0	25	26.9	6.8~8.7	11.2~19.1	7.3~13.5	6~20

根据前述沙子富钪锐钛矿矿床常量元素地球化学特征、稀土元素地球化学特征、微量元素地球化学特征及钛、钪元素地球化学特征研究，可得以下结论。

矿石中微量元素 Sc-TiO_2-Cu-Fe-Mn 组合，反映在区域背景下，局限水体的特征地球化学环境。即在地表强氧化带局限水体中，富含铁、锰、钪、钛的玄武岩浆喷发后落入水体，经水解形成低温低压及弱碱性水环境。原玄武岩中的二价铁氧化为三价铁形成褐铁矿，原玄武岩中的二价锰氧化为三价或四价锰形成硬锰矿，钛在氧气供应充分、低温低压及弱碱性的环境下形成锐钛矿。Sc^{3+} 被浸变解体从岩石中释放出来被黏土矿物吸附。使矿石中形成微量元素 Sc-TiO_2-Cu-Fe-Mn 的组合，其正相关水平较高。

矿区内玄武岩的稀土元素总量（$\sum REE$）为 183.53×10^{-6}~215.86×10^{-6}，贵州西部玄武岩的稀土元素总量（$\sum REE$）为 144.73×10^{-6}~265.500×10^{-6}（毛德明等，1992），其丰度变化在贵州西部玄武岩的范围内。矿区内玄武岩的稀土元素球粒陨石图型 REE 分布模式为右倾型。样品中 LREE 为 125.15×10^{-6}~144.40×10^{-6}，HREE 为 58.38×10^{-6}~71.46×10^{-6}，LREE/HREE 为 1.92~2.25，轻稀土较富集。贵州西部玄武岩为钠化玄武岩，在偏碱性的介质中轻重稀土两组元素分离，导致轻稀土较富集。

矿区 3 个矿体矿石的稀土元素总量（$\sum REE$）都较高，绝大多数为 163.56×10^{-6}~370.26×10^{-6}，部分样品稀土元素含量为 402.26×10^{-6}~702.67×10^{-6}，矿石中稀土元素有不同程度的富集。矿区内玄武岩的稀土元素球粒陨石图型 REE 分布模式为右倾型，多数样品与区内玄武岩相似，显示两者有极强的亲源性（王中刚等，1989）。样品中 LREE 为 112.57×10^{-6}~529.15×10^{-6}，HREE 为 35.52×10^{-6}~244.26×10^{-6}，LREE/HREE 为 1.41~4.01，平均为 2.71，轻稀土富集。即锐钛矿形成于偏碱性环境，导致轻重稀土两组元素进一步分离。

矿区内玄武岩 δEu 为 0.86~0.95，均小于 1，呈现 Eu 的弱负异常。δCe 为 0.92~0.97，均小于 1，显示了玄武岩中主要矿物斜长石与辉石按比例同时结晶。矿区 3 个矿体矿石 δEu 为 0.79~0.93，均小于 1，呈现 Eu 的弱负异常。而 δCe 为 0.48~1.44，大多数为 0.48~0.88，少数为 1.01~1.44，其值变化较大。表明矿床成矿物质来源与玄武岩有关，但在成矿作用过程中，辉石在低温低压弱碱性水体中的分解及风化作用等复杂过程中亏损程度差异十分明显。

晴隆沙子地区玄武岩化学成分为高钛低镁，属高钛拉斑玄武岩，矿区玄武岩的化学成分：SiO_2 含量为 46.44%、TiO_2 含量为 3.64%、Al_2O_3 含量为 14.35%、Fe_2O_3 的含量为 6.67%、FeO 含量为 7.70%。

区内玄武岩辉石中钛含量较高，钛（Ti）元素的外层电子构型 $3d^2 4s^2$，容易丢失 4 个电子成 Ti^{4+} 离子。玄武岩中钛多以 $Ti^{4+}+Al^{3+}=Mg^{2+}+Si^{4+}$ 的异价类质同象进入辉石的硅氧四面体中，很少形成钛的单矿物。

贵州晴隆地区于早二叠世茅口晚期正置滨岸湖坪相带上，东吴运动致使地壳抬升的同时，伴随峨眉山玄武岩强烈的喷发。峨眉山玄武岩火山喷发物滚落流入水体中势必浸变解体，暗色矿物辉石解离成绿泥石等，辉石中的 Ti^{4+}、Sc^{3+} 几乎可全部析出进入水体，为区内锐钛矿及钪矿的形成提供了丰富钛及钪的物质来源。由此可见，研究区锐钛矿及钪矿的成矿物质来源于峨眉山玄武岩。

6.5　现场特殊古岩溶条件

贵州晴隆地区，中二叠统茅口组灰岩受东吴运动地壳抬升的影响，其顶部裸露地表，形成古喀斯特高地与喀斯特洼地。因近滨岸潮坪，喀斯特洼地有的有积水。据分析研究，晴隆沙子地区玄武岩富钠贫钾，Na_2O 的含量为 5.33%，而 K_2O 的含量仅为 0.17%。富含钠的长石在喀斯特洼地水体中浸变解体，K^+ 进入黏土矿物中，Na^+ 溶解于水中，使区内形成特殊的弱碱性水的喀斯特洼地地球化学障。加上该弱碱性水的岩溶洼地处于地表氧化带，并有充足的氧气，为锐钛矿（TiO_2）的形成准备了充分的条件。这种喀斯特洼地水体被喀斯特地貌的高地隔开，是一个个相对孤立的弱碱性水域，是特殊的地球化学障，为区内锐钛矿的形成提供了必要的成矿环境。

6.6　现场特殊的地球化学条件

根据 ETM Landsat-7 遥感数据，选取 7、4、1 波段组合合成遥感影像构造解译。

区内环形构造、线性构造较一致，沿北东（NE）向展布，并与已探明的①号、②号、③号矿体在空间有明显重叠（图 6-2）。根据区域资料分析，矿区所在位置正置弥勒—师宗断裂影响带上，推测玄武岩浆喷发期有可能是局部热源区，再者玄武岩浆喷发高温火山物质落入喀斯特洼地水解形成地表热水。根据喀斯特洼地火山碎屑沉积物厚度推测，当时的水体有数十米深，具有一定的静压力，为低温低压环境，满足锐钛矿低温低压条件下形成的生成条件。由于单个喀斯特洼地水域局限，水体温度、压力及 pH 差异小；Ti^{4+} 含量及氧气浓度差异小，因此在单个喀斯特洼地中矿化均匀，矿石中 TiO_2 及 Sc_2O_3 品位变化系数均小于 20%。又由于茅口晚期沉积间断时间不长，茅口灰岩顶部喀斯特不强，喀斯特洼地起伏相对较小，致使矿层的厚度变化较稳定，其厚度变化系数均小于 50%。

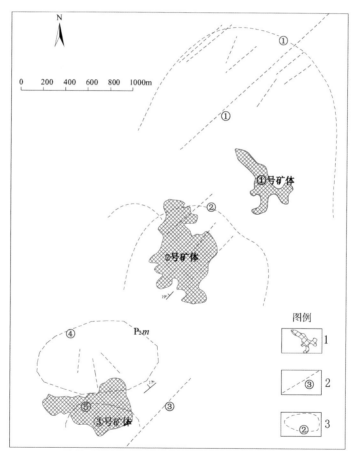

1.富钪锐钛矿矿体；2.遥感解译线性构造；3.遥感解译环形构造

图 6-2　晴隆沙子锐钛矿体钪矿地质–遥感略图

第7章　矿床成因机制及成矿模型

7.1　矿床成因机制

7.1.1　成矿时代

晴隆沙子富钪锐钛矿矿床的主成矿期为中二叠世茅口晚期，贵州峨眉山玄武岩浆第一喷发旋回。依据如下：

（1）三个富钪锐钛矿工业矿体均产于二叠系中统茅口灰岩顶部蟆科生物灰岩形成的喀斯特微型洼地中，矿体中及其周边围岩和矿体底部可见茅口灰岩顶部蟆科生物灰岩（见图版照片5和照片6）。

（2）矿石中玄武质火山凝灰岩中可见蟆科生物化石及蟆科化石外壳黑边，并被褐铁矿化交代结构及交代残余结构（见图版照片55~照片57）。

整个矿体红土化，主成矿期形成的锐钛矿被黏土、褐铁矿等包裹，锐钛矿矿物在常温常压下稳定，保存在喀斯特微型洼地中不易流失。主成矿期形成的钪矿被黏土、褐铁矿吸附保存在喀斯特微型洼地中不易流失。而原矿石中的 Na^+、Ca^{2+}、Mg^{2+} 等流失，使原矿石品位略有提高。

7.1.2　成矿机制

贵州西部峨眉山玄武岩中 TiO_2 含量为 3.64%、Na_2O 含量为 5.33%、元素钪（Sc）为 32.2×10^{-6}~35.8×10^{-6}。Ti^{4+} 及 Sc^{3+} 呈类质同象进入辉石的硅氧四面体中，伴随峨眉山玄武岩浆强烈喷发的火山喷发物滚落流入水体浸变解体，辉石解离释放出 Ti^{4+} 及 Sc^{3+} 在茅口组灰岩顶部古喀斯特积水洼地中。富含钠的长石在喀斯特洼地水体中浸变解体，Na^+ 溶解于水中，使区内有特殊的喀斯特洼地积水呈弱碱性水，为区内锐钛矿的形成提供了必要的成矿环境；也为浸变解体出的 Sc^{3+} 形成 $Sc(OH)_3$ 或 Sc_2O_3 胶体或络离子被氧化铁、锰土、黏土矿物所吸附。由于单个喀斯特洼地水域局限，水体温度、压力及 pH 差异小；Sc^{3+}、Ti^{4+} 及氧气浓度差异小，因此在单个喀斯特洼地中矿化均匀，矿石 TiO_2 及 Sc_2O_3 品位变化系数均小于20%。又由于茅口晚期沉积间断时间不长，茅口灰岩顶部喀斯特洼地起伏不大，矿层的厚度变化较稳定，其厚度变化系数均小于 50%。

　　富钪锐钛矿在喀斯特洼地中形成后，区内峨眉山玄武岩喷发作用仍在继续，上覆有硅质岩及玄武岩、煤系等。燕山期区内褶皱形成穹窿，直到第四纪地壳抬升，矿层裸露或近地表，风化淋滤发生红土化。红土化形成的过程中，活动元素（Na^+、Ca^{2+}、Mg^{2+}等）以淋失为主要特征，惰性元素（铁、铝）以残留富集为主要特征。锐钛矿（TiO_2）在红土化过程中基本不发生迁移，钪呈吸附态被黏土矿物及褐铁矿等吸附也基本不发生迁移，因此在红土化过程中锐钛矿及钪矿得到一定富化。

　　综上所述，晴隆沙子富钪锐钛矿矿床为峨眉山玄武岩喷发作用期在茅口灰岩顶部喀斯特积水洼地中因玄武岩水解于低温、低压、弱碱水体中沉积再经过第四纪残坡积红土化作用形成的矿床，属于与峨眉山玄武岩喷发作用有关的低温热水沉积–残坡积型矿床。

7.2　矿床成矿模型

7.2.1　晴隆沙子富钪锐钛矿成矿要素

　　（1）成矿地质背景：A.右江古裂谷区；B.中二叠世茅口晚期滨岸潮坪；C.茅口灰岩顶部较封闭的喀斯特积水洼地；D.紧靠峨眉山玄武岩火山喷发边缘。

　　（2）控矿地质条件：A.含 Ti、Sc、Na 较高的峨眉山玄武岩；B.低温、低压、弱碱性水体。

7.2.2　晴隆沙子富钪锐钛矿主要地质特征

　　（1）矿床地质特征：A.赋矿地层–第四系红土；B.控矿构造–穹窿；C.地貌–地区夷平面上喀斯特丘丛、喀斯特平缓斜坡上微型洼地。

　　（2）矿体产出特征：A.矿体产于喀斯特微型洼地红黄色黏土中；B.矿体剖面呈不规则状透镜状。

　　（3）矿石特征：A.矿石主要为红色、黄色含钪–锐钛矿黏土及亚黏土，黏土中常含角砾，角砾成分多为玄武质火山碎屑岩，黏土质硅质岩、铁锰质黏土岩、凝灰岩等；B.矿石矿物主要有锐钛矿、褐铁矿、少量磁铁矿、钛铁矿、黄铁矿、毒砂，脉石矿物主要有高岭石、绢云母、绿泥石、石英，其次可见绢云母、斜长石、偶见锆石、电气石、绿帘石等。

　　（4）矿石的化学成分：A.矿石平均品位：①号矿体 TiO_2 为 4.15%，Sc_2O_3 为 67.45×10^{-6}。②号矿体 TiO_2 为 4.29%，Sc_2O_3 为 73.05×10^{-6}。③号矿体 TiO_2 为 4.82%，Sc_2O_3 为 83.19×10^{-6}。B.矿石中主要氧化物有 SiO_2、Al_2O_3、Fe_2O_3、TiO_2，总含量为 81.64%~88.15%，与现代红土风化壳、贵州西部红土型金矿红土的主要特征相近，但 TiO_2 含量偏高。

（5）矿床地球化学特征：A.矿石微量元素组合：Au-Ag-As-Sb-Hg-Tl 组合；Sc-TiO_2-Cu-Fe-Mn 组合：Sc-Ti 相关系数（$n=27$）为 65.68%，Sc-Cu 相关系数（$n=27$）为 67.36%，Sc-Fe 相关系数（$n=27$）为 91.53%，Sc-Mn 相关系数（$n=27$）为 72.86%。B.稀土元素特征：$\sum REE$ 为 $163.56\times10^{-6}\sim702.67\times10^{-6}$，球粒陨石图型 REE 分布模式为右倾型，多数样品与区内玄武岩相似，其两者有一定的亲源性。LREE/HREE 为 1.41~4.01，平均为 2.71，轻稀土富集。即锐钛矿形成的环境具有一定碱性，导致轻重稀土两组元素进一步分离。

（6）矿物学特征：A.锐钛矿，呈单矿物及矿物集合体，粒度 $<10\mu m$。B.钪，无独立矿物，被黏土、褐铁矿等吸附。

（7）成因：为峨眉山玄武岩浆喷发作用期在茅口灰岩顶部喀斯特积水洼地中因玄武岩水解于低温、低压、弱碱水体中沉积再经过第四纪残坡积红土化作用形成的矿床，属于与峨眉山玄武岩喷发作用有关的低温热水沉积–残坡积型矿床。

7.2.3　晴隆沙子富钪锐钛矿成矿模型

晴隆沙子富钪锐钛矿矿床成矿模型如图 7-1 所示。

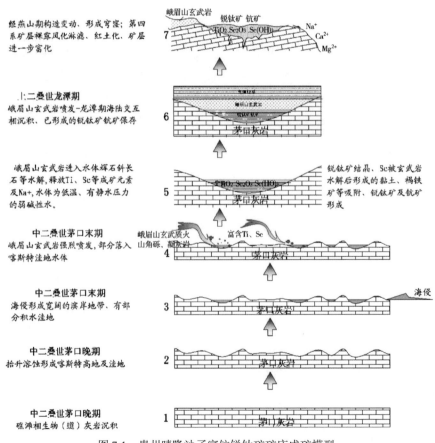

图 7-1　贵州晴隆沙子富钪锐钛矿矿床成矿模型

第8章 晴隆沙子锐钛矿矿床与贵州西部红土型金矿成因对比

贵州西部矿产资源丰富，分布着多种金属和非金属矿产，是我国重要的矿产基地之一，吸引了众多地质工作者及地质专家在该区展开深入的地质工作。通过前人的研究，在贵州西部发现了数十个红土型金矿床（点），主要分布在晴隆、安龙、盘县等地。红土型金矿的赋矿地层为第四系红土、黏土、红褐色亚黏土或砂质黏土，属于地表风化成因的一种特殊类型的金矿（王砚耕等，2000）。

本书研究的贵州晴隆沙子富钪锐钛矿矿床与该区红土型金矿均位于贵州西部金矿集中区。区内在中二叠世茅口组晚期礁滩灰岩沉积之后经历了一段时期的隆起剥蚀，而后沉陷形成滨岸地带（聂爱国等，2008）。由于中二叠世末期至晚二叠世早期火山喷发，在中二叠世茅口灰岩古喀斯特面上沉积峨眉山玄武岩第一段黏土化玄武质火山角砾–火山碎屑岩–凝灰岩处于贵州西部玄武岩分布范围的东南边缘地带，厚度多在 200m 以下（贵州省地质矿产局，1987），喷发时代为中二叠世末期至晚二叠世早期。喷发早期的环境为滨岸潮坪（贵州省地质矿产局，1987）。区内玄武岩除具大陆溢流拉斑玄武岩的一般属性外，尚具偏碱、高钛铁、低镁、SiO_2 饱和、普遍含石英、极少含橄榄石等特点。其碱性程度在贵州西部玄武岩分布区是最高的，同时挥发组分也较其他地区偏高（郑启玲等，1989）。红土型金矿的初始矿源层，也是晴隆沙子富钪锐钛矿矿体围岩。

通过前文叙述，本书研究的晴隆沙子大型锐钛矿矿床成因类型属于与峨眉山玄武岩喷发作用有关的热水沉积–残坡积型。矿体赋存于二叠系中统茅口灰岩喀斯特不整合面之上及峨眉山玄武岩底部的喀斯特负地形的红土中，而与贵州西部的红土型金矿产出空间相同。但是在红土型金矿床中找不到锐钛矿，锐钛矿矿床中金品位普遍较低，圈定不出金矿体。

因此，本章旨在对比晴隆沙子锐钛矿矿床与贵州西部老万场、豹子洞、砂锅厂三个典型的红土型金矿矿床异同点，讨论晴隆沙子锐钛矿矿床与贵州西部红土型金矿成矿条件的差异性。

8.1 矿床产出地质特征对比

8.1.1 矿床产出宏观特征对比

1.赋矿地层

晴隆沙子富钪锐钛矿矿床与贵州西部老万场、豹子洞、砂锅厂红土型金矿矿床出露地层均为中二叠统茅口组，上二叠统峨眉山玄武岩组、龙潭组及第四系。富钪锐钛矿与红土型金矿均赋存于中二叠统茅口灰岩喀斯特不整合面之上的第四系残坡积红土中。

2.构造

晴隆沙子富钪锐钛矿矿床及老万场、豹子洞、砂锅厂红土型金矿床均位于右江古裂谷中。晴隆沙子富钪锐钛矿矿床位于碧痕营穹隆背斜西北翼；老万场红土型金矿位于碧痕营穹隆背斜近核部；该背斜核部由中二叠统茅口组地层组成，翼部为峨眉山玄武岩及龙潭组地层。豹子洞红土型金矿位于戈塘穹状背斜近核部，该背斜核部由中二叠统茅口组地层组成，翼部为峨眉山玄武岩及龙潭组地层。砂锅厂红土型金矿位于莲花山背斜中西北段，该背斜核部由中二叠统茅口组地层组成，翼部为峨眉山玄武岩及龙潭组地层。

3.地貌

晴隆沙子富钪锐钛矿工业矿体位于海拔1338.90~1498.45m的喀斯特丘丛及平缓斜坡上微型洼地中；老万场红土型金矿位于海拔1300~1650m的喀斯特丘丛及相对平缓斜坡的低洼地段；豹子洞红土型金矿位于海拔1600~1650m喀斯特山脊浑园丘峰山的微型洼地中；砂锅厂红土型金矿位于海拔1750~1900m喀斯特微型峰林洼地中。富钪锐钛矿矿床及红土型金矿均产于高位喀斯特丘丛及平缓斜坡的微型洼地中。

4.矿石特征

晴隆沙子富钪锐钛矿矿石主要为红色、黄色黏土及亚黏土，黏土中常含玄武岩、硅质灰岩、硅质岩、铁锰质黏土岩及凝灰岩等角砾。矿石中金属矿物主要有锐钛矿、褐铁矿；脉石矿物主要有高岭石，其次是石英、绢（白）云母、绿泥石、斜长石、锆石等。矿石中有氧化物、硅酸盐、硫化物三类共12种矿物存在，其中氧化物约占46.2%，硅酸盐约占53%，硫化物偶见，锐钛矿占3%左右。锐钛矿主要以微细粒包裹体的形式存在于硅酸盐及石英中，其次以类质同象的形式存在于褐铁矿中，少数以独立锐钛矿矿物形式存在，单体粒度小于 $10\mu m$。矿石中未发现钪的独立矿物，钪元素主要赋存在高岭石、绢云母等黏土矿物中，占 46.07%，其次赋存在褐铁矿中，占 33.25%，在锐钛矿中占 13.64%，主要为离子吸附型，部分为类质同象的钪。

三个典型的红土型金矿矿石主要为红色、黄色黏土及亚黏土，黏土中常含角砾。矿石中金属矿物主要有褐铁矿，以及少量的钛铁矿、黄铁矿等；脉石矿物主要有石英，其次为高岭石、水云母、绢云母、伊利石、金红石、锆石等。经光薄片镜下观察、X 衍射分析、质子、离子、电子探针分析等研究，Au 小于 $1\mu m$ 的微细粒吸附或包裹于褐铁矿、石英、高岭石、水云母、绢云母、伊利石、金红石中。

综上所述，从矿床产出特征对比，晴隆沙子富钪锐钛矿矿床与红土型金矿矿床均赋存于二叠系中统茅口灰岩喀斯特不整合面之上的第四系残坡积红土中，都产于较宽缓的背斜核部及翼部，均位于当地高位喀斯特丘丛及平缓斜坡的微型洼地中；富钪锐钛矿矿床与红土型金矿矿床矿石特征、矿物成分相近。不同的是老万场、豹子洞、砂锅厂红土型金矿矿石中未见锐钛矿，在晴隆沙子富钪锐钛矿矿石中未检测出微细粒金。

8.1.2　矿床常量元素特征对比

1.晴隆沙子富钪锐钛矿

针对三个工业矿体共采取 10 件样品作常量元素分析，据分析结果统计（表 4-1），其主要特征如下：

（1）矿石主要氧化物为 SiO_2、Al_2O_3、Fe_2O_3、TiO_2 总量为 81.64%~88.15%，与贵州西部红土型金矿红土、贵州红土风化壳的主要特征相近（高振明等，2002；王砚耕等，2000），但 TiO_2 含量偏高：3.42%~5.03%，平均 4.39%（表 6-1）。

（2）矿石中的铁全为 Fe_2O_3，表明矿石强风化，氧化相当彻底。

（3）SiO_2 含量全小于 55%，为黏土质矿石。

（4）TiO_2 与 Fe_2O_3 正相关，相关系数为 91.06%，反映锐钛矿与原岩含铁矿物有共（伴）生关系。

（5）TiO_2 与 Al_2O_3 及 LOSS（烧失量）正相关，相关系数分别为86.21%及 66.36%，反映锐钛矿与原岩黏土矿物有共（伴）生关系。

2.老万场红土型金矿

矿床 8 件氧化物全分析结果统计（王砚耕等，2000），其主要特征如下：

（1）矿石主要氧化物为 SiO_2、Al_2O_3、Fe_2O_3，总量 82.51%~88.47%，与现代红土风化壳主要特征相近（王砚耕等，2000；廖义玲等，2004；朱立军等，2004；陈平等，1997；李文达等，1995；陈世益等，1994；李景阳等，1986，1991）。TiO_2

含量偏低：1.05%~2.34%，平均含量1.17%（表6-1）。

（2）矿石中铁主要为Fe_2O_3：6.10%~17.88%，少量FeO：0.07~0.29%，表明矿石强风化。

（3）SiO_2含量51.50%~61.84%，为黏土质及粉砂质黏土矿石。

（4）TiO_2与Fe_2O_3正相关，相关系数84.01%，反映钛与原岩含铁矿物有共（伴）生关系。

（5）Au与SiO_2正相关，相关系数63.80%，反映金矿与原岩硅化有共（伴）生关系。

（6）TiO_2与SiO_2及Au正相关，相关系数分别为79.04%及86.99%，反映钛与金及原岩硅化有共（伴）生关系。

3.砂锅厂红土型金矿

矿床4件氧化物全分析结果统计（王砚耕等，2000），其主要特征如下：

（1）矿石主要氧化物为SiO_2、Al_2O_3、Fe_2O_3，总量80.26%~86.57%，与现代红土风化壳主要组分相近（王砚耕等，2000；廖义玲等，2004；朱立军等，2004；陈平等，1997；李文达等，1995；陈世益等，1994；李景阳等，1986，1991）。TiO_2含量：1.15%~5.56%，平均含量为2.71%。

（2）矿石中铁主要为Fe_2O_3：13.49%~20.84%，少量FeO：0.10%~0.41%，表明矿石强风化。

（3）SiO_2含量43.96%~54.66%，全小于55%，为黏土质矿石。

（4）Au与TiO_2、Fe_2O_3正相关，相关系数52.73%及54.3%，反映金与原岩含铁矿物有共（伴）生关系。

4.豹子洞红土型金矿

矿床3件氧化物全分析结果统计（王砚耕等，2000），其主要特征如下：

（1）矿石主要氧化物为SiO_2、Al_2O_3、Fe_2O_3，总量76.46%~89.78%，与现代红土风化壳主要特征相近（王砚耕等，2000；廖义玲等，2004；朱立军等，2004；陈平等，1997；李文达等，1995；陈世益等，1994；李景阳等，1986，1991）。TiO_2含量偏低：1.00%~1.29%，平均含量为1.04%。

（2）矿石中铁主要为Fe_2O_3：7.24%~22.34%，少量FeO：0.70%~1.20%，表明矿石强风化。

（3）SiO_2含量59.88%~61.56%，全大于55%，为粉砂质黏土矿石。

综上所述，晴隆沙子富锐钛矿矿石与老万场、豹子洞、砂锅厂红土型金矿床矿石主要氧化物为SiO_2、Al_2O_3、Fe_2O_3、TiO_2，含量在76.46%~89.78%，与一般黏土相似，还与现代红土风化壳主要特征相近（王砚耕等，2000；廖义玲等，2004；朱立军等，2004；陈平等，1997；李文达等，1995；陈世益等，1994；李景阳等，1986，1991)。沙子富钪锐钛矿矿石中 SiO_2 含量全小于 55%，为黏土矿石；而红土型金矿床中除砂锅厂金矿床矿石中 SiO_2 含量全小于 55% 外，老万场金矿床矿石中 SiO_2 含量为 51.50%~61.84%，为黏土质及粉砂质黏土矿石；豹子洞金矿床矿石中 SiO_2 含量全大于 55%，为粉砂质黏土矿石。两类矿床矿石中铁主要为 Fe_2O_3，表明矿石均被强风化。两类矿床中 TiO_2 与 Fe_2O_3 均呈正相关关系，反映钛与原岩中含铁矿物有共（伴）生关系。但两类矿石中 TiO_2 含量差异较大，沙子富钪锐钛矿矿石中 TiO_2 含量偏高，为 3.42%~5.03%；而老万场及豹子洞金矿 TiO_2 含量偏低，分别为 1.05%~2.34% 及 1.00%~1.29%；砂锅厂红土型金矿中 TiO_2 含量为 1.15%~5.56%，变化较大。

表 8-1　沙子富钪锐钛矿矿床与红土型金矿床矿石品位对比

矿床		TiO_2/%	Sc_2O_3/$\times 10^{-6}$	Au/$\times 10^{-6}$
沙子富钪锐钛矿矿床		4.39	74.93	<0.2
红土型金矿矿床	老万场 *	1.17	15.35	6.57
	砂锅厂 *	2.71	—	2.40
	豹子洞 *	1.04	—	2.00

注：* 据王砚耕等（2000）。

8.1.3　矿床微量元素特征对比

1.晴隆沙子富钪锐钛矿

随机选择矿床 27 个见矿钻孔单孔矿石基本分析组合样，作微量元素定量分析，据其统计结果（表 4-4），锐钛矿矿石有以下基本特征：

(1) Au、Ag、As、Hg、Sb、Tl、V、U、Pb、Fe、Mn、Th、Cu、Cr 及 Co 相关元素在矿石中有一定富集，但均未富集到可综合利用的浓度。

(2) 矿石中微量元素（$n=27$）相关性分析结果，以相关系数 0.6 正相关水平以上，其相关元素明显分为两组：

第一组：Au-Ag-As-Sb-Hg-Tl 组合，其中相关系数：Au-Ag 0.8208、Au-As 0.8280、Au-Hg 0.9198、Au-Tl 0.8868，为正相关关系。

第二组：Sc-Ti-Cu-Fe-Mn-V 组合，其中相关系数：Ti-V 0.7958、Ti-Fe 0.6180、Ti-Sc 0.6568、Ti-Cu 0.67635、Sc-Mn 0.7268、Sc-Fe 0.9155，为正相关关系。

(3) 矿区 3 个矿体的矿石中，元素钪（Sc）有明显的富集，含量变化在 24.7×10^{-6}~53.8×10^{-6}，平均值 40.9×10^{-6}，是大陆上地壳的 3.7 倍。

(4) 矿区内 750 件样品中，Au 含量 0.01×10^{-6}~0.60×10^{-6}，70% 的样品 Au 含量小于 0.10×10^{-6}，全矿 Au 含量小于 0.20×10^{-6}。

(5) 矿区内 750 件样品中作 Au-TiO_2 相关性讨论，其相关系数为 −0.032，两者不相关。

2.老万场红土型金矿

（1）Au、Ag、As、Hg、Sb、Ti、W 元素中在矿石中有一定富集（王砚耕等，2000）。

（2）矿石中 Au-Ag-As-Sb-Hg-W 正相关，相关系数：Au-Ag 0.8229、Au-As 0.7083、Au-Hg 0.6932、Au-Sb 0.4853、Au-W 0.9443（王砚耕等，2000）。

3.砂锅厂红土型金矿

（1）Au、As、Hg、Sb、Se 元素中在矿石中有一定富集（王砚耕等，2000）。

（2）矿石中 Au-As-Sb-Se-Hg-W 正相关，相关系数：Au-As 0.9760、Au-Hg 0.7895、Au-Sb 0.9307、Au-W 0.4857（王砚耕等，2000）。

4.豹子洞红土型金矿

（1）Au、As、Hg、Sb、Se 元素中在矿石中有一定富集（王砚耕等，2000）。

（2）矿石中 Au-As-Sb-Se-Hg-Ag-Tl-W 正相关（王砚耕等，2000）。

两类矿石中 Au、Ag、As、Hg、Sb、Tl、V、U、Pb、Fe、Mn、Th、Cu、Cr 及 Co 相关元素在矿石中都有一定程度富集，高于地壳的平均丰度（黎彤等，1990）。沙子锐钛矿矿石中 Au-Ag-As-Sb-Hg-Tl 组合与红土型金矿矿石微量元素组合相同（王砚耕等，2000），反映锐钛矿的形成与区域背景峨眉山玄武岩浆喷发初期于茅口灰岩顶部形成的大面积分布的硅质黏土岩一致。中二叠统茅口晚期及峨眉山玄武岩浆喷发期在滨岸相带火山-沉积的富金黏土岩、黏土岩化硅质岩、凝灰岩化黏土岩，即是红土型金矿矿源岩-"大厂层"。此硅质黏土岩是红土型金矿及锐钛矿形成的主要围岩。

沙子富钪锐钛矿矿石中 Sc-Ti-Cu-Fe-Mn-V 组合，此组元素高度正相关，反映了与玄武岩物质组成相似的特征。

因此，两类矿床宏观上均为红土型，但红土型金矿的红土由矿源岩-大厂层风化淋滤形成，仅有 Au-Ag-As-Sb-Hg-Tl 组合特征；而沙子富钪锐钛矿矿床的红土是由大厂层风化淋滤及玄武岩在水中浸变解体的黏土化、玄武岩残块风化淋滤形成，兼有 Au-Ag-As-Sb-Hg-Tl 组合及 Sc-Ti-Cu-Fe-Mn-V 组合特征。

8.1.4　矿床稀土元素特征对比

1.晴隆沙子富钪锐钛矿矿床

随机选择该矿床的 13 个见矿钻孔，对单孔组合样作稀土元素分析，并采集矿区内玄武岩样品 7 件，分析结果列于表 4-2 和表 4-3 中。作区内玄武岩及 3 个矿体矿石稀土分布模式图（图 8-1），其特征分析如下：

矿区内玄武岩的稀土元素总量（$\sum$REE）为 $183.53 \times 10^{-6} \sim 215.86 \times 10^{-6}$，贵州西

部玄武岩的稀土元素总量（∑REE）为 144.73×10^{-6}~265.500×10^{-6}（毛德明等，1992），其丰度变化在贵州西部玄武岩的范围内。矿区内玄武岩的稀土元素球粒陨石图型 REE 分布模式为右倾型。样品中 LREE 为 125.15×10^{-6}~144.40×10^{-6}，HREE 为 58.38×10^{-6}~71.46×10^{-6}，LREE/HREE 为 1.92~2.25，轻稀土较富集。

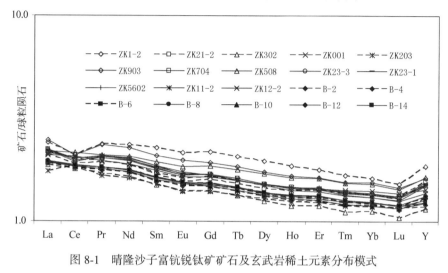

图 8-1 晴隆沙子富钪锐钛矿矿石及玄武岩稀土元素分布模式

矿区 3 个矿体矿石的稀土元素总量（∑REE）都较高，绝大多数为 163.56×10^{-6}~370.26×10^{-6}，部分样品稀土元素含量为 402.26×10^{-6}~702.67×10^{-6}，矿石中稀土元素有不同程度的富集。矿区内玄武岩的稀土元素球粒陨石图型 REE 分布模式为右倾型，多数样品与区内玄武岩相似，显示两者有极强的亲源性（王中刚等，1989）。样品中 LREE 为 112.57×10^{-6}~529.15×10^{-6}，HREE 为 35.52×10^{-6}~244.26×10^{-6}，LREE/HREE 为 1.41~4.01，平均为 2.71，轻稀土富集。即锐钛矿形成的环境有一定的碱性，导致轻重稀土两组元素进一步分离。

矿区内玄武岩 δEu 为 0.86~0.95，均小于 1，呈现 Eu 的弱负异常。δCe 为 0.92~0.97，均小于 1，显示了玄武岩中主要矿物斜长石与辉石按比例同时结晶。矿区 3 个矿体矿石 δEu 为 0.79~0.93，均小于 1，呈现 Eu 的弱负异常。而 δCe 为 0.48~1.44，大多数在 0.48~0.88，少数为 1.01~1.44，其值变化较大。表明矿床成矿物质来源与玄武岩有关，但在成矿作用过程中，辉石在低温低压弱碱性水体中的分解及风化作用等复杂过程中亏损差异十分明显。

2.老万场红土型金矿

矿石的稀土元素总量（∑REE）较高，为 395.6×10^{-6}~646.3×10^{-6}，样品中 LREE 为 331.4×10^{-6}~514.9×10^{-6}，HREE 为 32.3×10^{-6}~66.3×10^{-6}，LREE/HREE 为 7.767~11.220，平均为 9.67，即轻重稀土明显分异，轻稀土富集，重稀土亏损。金矿形成的过程中稀土元素有风化富集的趋势，尤其是轻稀土（王砚耕等，2000）（图 8-2）。

3.砂锅厂红土型金矿

矿石的稀土元素总量（∑REE）较高，为 $241.6×10^{-6}$~$563.1×10^{-6}$，样品中 LREE 为 $201.0×10^{-6}$~$586.2×10^{-6}$，HREE 为 $18.4×10^{-6}$~$39.2×10^{-6}$，LREE/HREE 为 6.11~15.24，平均为 10.36，即轻重稀土明显分异，轻稀土富集，重稀土亏损。金矿形成的过程中稀土元素有风化富集的趋势，尤其是轻稀土（王砚耕等，2000）（图8-2）。

4.豹子洞红土型金矿

矿石的稀土元素总量（∑REE）较高，为 $186.4×10^{-6}$~$384.5×10^{-6}$，样品中 LREE 值为 $156.1×10^{-6}$~$305.9×10^{-6}$，HREE 为 $15.3×10^{-6}$~$21.7×10^{-6}$，LREE/HREE 为 10.21~14.13，平均为 12.17，即轻重稀土明显分异，轻稀土富集，重稀土亏损（王砚耕等，2000）（图8-2）。

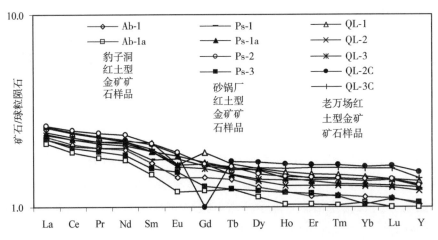

图8-2　老万场、砂锅厂、豹子洞红土型金矿矿石稀土元素分布模式（王砚耕等，2000）

贵州西部玄武岩为钠化玄武岩，在偏碱性的介质中轻重稀土两组元素分离，导致轻稀土较富集。

沙子富钪锐钛矿矿石及红土型金矿矿石的稀土元素总量（∑REE）都较高（表8-2），两类矿石中稀土元素均有不同程度的富集。富钪锐钛矿矿床及老万场、砂锅厂、豹子洞红土型金矿床的稀土元素球粒陨石图型 REE 分布模式为右倾型（图8-1和图8-2），多数样品与区内玄武岩相似，表明与玄武岩有一定的亲源性。

沙子富钪锐钛矿矿石 LREE/HREE 为 1.41~4.01，平均为 2.71，轻稀土较富集。即锐钛矿形成的环境为弱碱性，导致轻重稀土两组元素进一步分离。而参与对比的 3 个红土型金矿 LREE/HREE 值分别为：老万场 7.767~11.220，平均为 9.67；砂锅厂 6.11~15.24，平均为 10.36；豹子洞 10.21~14.13，平均为 12.17。三者的平均值均大于9，即轻重稀土明显分异，轻稀土明显富集，重稀土严重亏损，表明红土型金矿形成的过程中稀土元素有风化富集的趋势，尤其是轻稀土。

综上，反映沙子富钪锐钛矿矿床及红土型金矿床成矿物质虽与玄武岩有一定的亲源性，但成矿物理化学环境有较大差异，导致轻重稀土两组元素进一步分离的较大差异。

表 8-2 富钪锐钛矿矿床与红土型金矿床稀土元素特征对比表

矿床名称	∑REE（×10⁻⁶）	LREE（×10⁻⁶）	HREE（×10⁻⁶）	LREE/HREE	δEu	δCe
沙子富钪锐钛矿矿床	163.56~702.67	112.57~529.15	35.52~244.26	1.41~4.01	1.21~1.44	0.31~1.42
老万场红土型金矿	395.6~646.3	331.4~514.9	32.3~66.3	7.767~11.220	1.34~1.47	0.91~0.92
砂锅厂红土型金矿	241.6~563.1	201.0~586.2	18.4~39.2	6.11~15.24	0.88~1.20	0.83~0.88
豹子洞红土型金矿	186.4~384.5	156.1~305.9	15.3~21.7	10.21~14.13	0.70~0.71	0.80
研究区玄武岩	183.53~215.86	125.15~144.40	58.38~71.46	1.92~2.25	1.34~1.47	0.91~0.92

8.2 矿床成因对比

8.2.1 贵州西部红土型金矿矿床形成条件及成因

1.形成条件

1）有富金的矿源岩

中二叠世末期至晚二叠世早期火山喷发，在中二叠统茅口灰岩古喀斯特面上沉积峨眉山玄武岩第一段黏土化玄武质火山角砾–火山碎屑岩–凝灰岩–茅口灰岩顶部含金硅化角砾岩，形成富金的矿源岩（大厂层）具 Au-Ag-As-Sb-Hg-Tl 组合。

2）特殊的古喀斯特

发育有中二叠统茅口灰岩古喀斯特侵蚀面上，古喀斯特侵蚀面上的微型洼地形状复杂，深数米至近百米，其中有富金的矿源岩残存。

3）在表生带常温常压下水–岩反应

大气降水、地表水、地下水等与古喀斯特侵蚀面上微型洼地中富金的矿源岩发生氧化、水解、淋滤等水–岩反应，经过第四纪漫长演化，形成红土，金从矿源岩中游离出来呈纳米级微细分散态和吸附态的游离金被红土吸附富集形成红土型金矿床（杨元根等，2004）。

2.成矿时代

第四纪是金富集成矿的高峰期，也是红土型金矿的主成矿期。

3.矿床成因

黔西南地区红土型金矿是中二叠统茅口晚期贵州西部峨眉山玄武岩浆的第一喷发旋回形成的富金矿源岩，由于地壳抬升使岩层遭受侵蚀及喀斯特作用，有的矿源体裸露于地表或浅地表处。随着下伏碳酸盐岩喀斯特发育及地表剥蚀的加剧，在气候和重力的共同作用下，矿源体发生风化作用，进而崩裂、破碎，有的发生位移，堆积在喀斯特负地形或相对平缓的储矿场所内，在表生带常温常压下水-岩反应，经过第四纪漫长演化，后经强烈的红土化作用，使从矿源岩中游离出来呈纳米级微细分散态和吸附态的游离金被红土吸附富集形成红土型金矿床（王砚耕等，2000；杨元根等，2004）。

8.2.2　晴隆沙子富钪锐钛矿矿床形成条件及成因

1.晴隆沙子富钪锐钛矿矿床形成条件

研究区内含 Ti、Sc、Na 较高的峨眉山玄武岩提供成矿物质，中二叠统茅口组灰岩顶部形成古喀斯特高地与喀斯特洼地。因近滨岸潮坪，喀斯特洼地有的有积水，并推测这类喀斯特洼地位于玄武岩浆喷发时的局部热源区，促使该区富钠贫钾的玄武岩浸变解体，K^+ 进入黏土矿物中，Na^+ 溶解于水中，使其形成特殊的弱碱性水体，该弱碱性水的岩溶洼地在地表氧化带，有充足的氧气参与。在低温、低压、弱碱水体中锐钛矿晶出、钪被玄武质黏土及褐铁矿等吸附，形成富钪的锐钛矿矿床。燕山期区内褶皱形成穹窿，直到第四纪地壳抬升，矿层裸露或近地表，风化淋滤部分围岩物质，如：Na^+、Ca^{2+}、Mg^{2+} 等。锐钛矿钪矿在矿层红土化过程中得到进一步的富化。主要物源是玄武岩的浸变解体。

2.成矿时代

晴隆沙子富钪锐钛矿矿床形成时期主要是中二叠世茅口晚期至第四纪两个时期。中二叠世茅口晚期贵州西部峨眉山玄武岩浆的第一喷发旋回是该矿床的主成矿期；第四纪强烈的风化淋滤使其进一步富集成矿。

3.矿床成因

晴隆沙子富钪锐钛矿矿床是峨眉山玄武岩浆喷发时玄武质火山角砾、火山碎屑岩、凝灰岩落入有水的古喀斯特微型洼地中，玄武质物质浸变解体钛从岩石中释放出来，在低温、低压弱碱性水体中形成锐钛矿，钪被黏土、铁、锰吸附与锐钛矿同时富集形成矿体。经过第四纪漫长演化，围岩强烈风化成红土，锐钛矿在常温常压下稳定被保存，围岩部分杂质被淋滤，钪及锐钛矿进一步富化，形成富钪锐钛矿矿床。沙子富钪锐钛矿矿床为与峨眉山玄武岩浆喷发作用有关的低温热水沉积-残坡积矿床。

8.3　成矿差异性对比

通过对晴隆沙子富钪锐钛矿矿床成因及与黔西南红土型金矿成因对比研究可知，晴隆沙子一带中二叠统茅口组灰岩顶部形成古喀斯特高地与喀斯特洼地囤积较多的海水，峨眉山玄武岩火山喷发物滚落流入水体中促使富钠贫钾的玄武岩浸变解体，K^+进入黏土矿物中，Na^+溶解于水中，使其形成特殊的弱碱性水体，辉石中的 Ti^{4+}、Sc^{3+}几乎可全部析出进入水体。该弱碱性水的岩溶洼地在地表氧化带，有充足的氧气参与，为区内锐钛矿的形成提供了必要的成矿环境，也为浸变解体出的 Sc^{3+}形成 $Sc(OH)_3$ 或 Sc_2O_3 胶体或络离子被氧化铁、锰土、黏土矿物所吸附创造良好的条件。在低温、低压、弱碱水体中锐钛矿晶出、钪被玄武质黏土及褐铁矿等吸附，形成富钪的锐钛矿矿床。

随着海侵加剧，峨眉山玄武岩喷发活动在贵州西部盘县—兴义一线以东由火山-沉积作用形成俗称"大厂层"的金矿源岩。"大厂层"也覆盖了晴隆沙子已堆积浸变解体的玄武岩洼地，使已形成的富钪锐钛矿得以保存。

后期地质作用，有些地段"大厂层-金矿源岩"残存在裸露于地表的古喀斯特洼地中，第四纪强风化作用导致矿源岩中金元素富集，是贵州西部红土型金矿的形成机理。

晴隆沙子地区在"大厂层-金矿源岩"下堆积的是玄武岩浸变的黏土、玄武岩残块等，有碍于"大厂层"以下喀斯特进一步发育，使其"大厂层"风化不彻底，导致金不富集，仅表现为弱矿化，圈定不出金矿体。

因此，在同样地质背景下，茅口灰岩顶部喀斯特洼地红土中产出两种类型矿产的成因大相径庭。

第9章 结 论

本书相关研究工作以矿床学及矿床地球化学理论为指导，以《贵州省晴隆县沙子镇锐钛矿详查地质报告》《贵州省晴隆县沙子镇钪矿工艺矿物学研究》《贵州省晴隆县沙子镇锐钛矿工艺矿物学研究》《贵州晴隆锐钛矿选矿试验研究报告》等研究成果为依托，以前人对贵州西部玄武岩研究、贵州西部中上二叠世岩相古地理研究以及前人对贵州西部红土型金矿研究成果等为基础，通过对晴隆沙子锐钛矿矿床的野外地质调查、采样、鉴定、检测，室内综合分析研究，系统地整理了晴隆沙子锐钛矿矿床地质特征、矿石工艺学、选冶研究成果，分析整理各测试结果，探讨锐钛矿矿床成因，建立成矿模型；讨论了相同地质背景条件下红土型金矿形成与锐钛矿矿床形成的共同条件及差异条件，为贵州西部新类型新矿种新矿产地的找矿开拓新的思路。其结论为：

(1) 晴隆沙子锐钛矿矿床位于贵州西部金、汞、砷、锑、铊的成矿带中，该矿床位于碧痕营穹窿背斜西北翼，依次出露的地层为上二叠统龙潭组含煤岩系、峨眉山玄武岩组及中二叠统茅口灰岩。矿体赋存于中二叠统茅口灰岩喀斯特不整合面之上的第四系残坡积红土中，锐钛矿工业矿体产于海拔 1338.90~1498.45m 的喀斯特丘丛及平缓斜坡上的三个微型洼地中。

(2) 已探明的锐钛矿工业矿体三个，呈北东—南西向排布，依次编号为：①号锐钛矿矿体、②号锐钛矿矿体及③号锐钛矿矿体。

①号锐钛矿矿体产于茅口灰岩顶部喀斯特洼地中。矿体在地表呈北西—南东向的不规则状，剖面为透镜状，地表分布面积为 71655m²，长 498~665m、宽 21~60m、厚度 4.40~22.46m，厚度变化系数为 43.5%，厚度变化较稳定。TiO_2 品位为 2.09%~6.16%，平均品位为 4.15%，品位变化系数为 11.7%，品位变化稳定。

②号锐钛矿矿体产于茅口灰岩顶部喀斯特洼地中。矿体在地表呈北北西–南东向的不规则状，剖面为似层状，矿体地表分布面积为 297982m²，长 580~955m、宽

93~590m、厚度 2.70~42.0m，厚度变化系数为 42.5%，厚度变化较稳定。TiO_2 品位为 1.87%~5.91%，平均品位为 4.29%，品位变化系数为 17.9%，品位变化稳定。

③号锐钛矿矿体产于茅口灰岩顶部喀斯特洼地中。矿体在地表呈近东西向的不规则状，剖面为似层状，矿体地表分布面积为 204135m²，长 320~789m、宽 155~465m、厚度 3.50~24.80m，厚度变化系数为 41.7%，厚度变化较稳定。TiO_2 品位为 1.89%~6.11%，平均品位为 4.29%，品位变化系数为 15.7%，品位变化稳定。

（3）晴隆沙子锐钛矿矿石主要为红色、黄色黏土及亚黏土，黏土中常含玄武岩、硅质灰岩、硅质岩、铁锰质黏土岩及凝灰岩等角砾。矿石中金属矿物主要有锐钛矿、褐铁矿；脉石矿物主要有高岭石，其次是石英、绢（白）云母、绿泥石、斜长石、锆石等。矿石中有氧化物、硅酸盐、硫化物三类共 12 种矿物存在，其中氧化物约占 46.2%，硅酸盐约占 53%，硫化物偶见；其中锐钛矿占 3% 左右。锐钛矿主要以微细粒包裹体的形式存在于硅酸盐及石英中，其次以类质同像的形式存在于褐铁矿中，少数以独立锐钛矿矿物形式存在，单体粒度小于 10μm。

（4）本书详细分析了沙子独立富钪锐钛矿矿床的成矿地质条件。锐钛矿矿物的生成条件及范围较狭窄，只有在氧气供应充分、低温低压及弱碱性的环境下才能形成。因此，锐钛矿矿床的形成必须具备以下 3 个条件：①有形成钛矿的物质来源；②有形成锐钛矿的低温低压及弱碱性介质；③无后期的高温高压环境使其向金红石转变。晴隆沙子锐钛矿矿区有形成锐钛矿的物质来源，即形成锐钛矿矿床的钛来源于峨眉山玄武岩。贵州西部包括晴隆沙子地区的玄武岩，化学成分为高钛低镁，属高钛拉斑玄武岩，矿区玄武岩化学成分：SiO_2 46.44%、TiO_2 3.64%、Al_2O_3 14.35%、Fe_2O_3 6.67%、FeO 7.70%。经对玄武岩矿物学研究，玄武岩中很少见钛磁铁矿、钛铁矿等副矿物，而主要的暗色矿物辉石中钛含量较高，玄武岩中钛多以 $Ti^{4+}+Al^{3+} \rightarrow Mg^{2+}+Si^{4+}$ 的异价类质同象进入辉石的硅氧四面体中，很少形成钛的单矿物。

贵州晴隆地区于早中二叠世茅口晚期，正值滨岸潮坪相带上东吴运动地壳抬升，伴随峨眉山玄武岩强烈喷发，峨眉山玄武岩火山喷发物滚落流入水体中势必浸变解体，暗色矿物辉石解离成绿泥石等，辉石中的 Ti^{4+} 几乎可全部析出进入水体，为区内锐钛矿的形成提供了丰富的钛来源。

贵州晴隆地区有特殊的弱碱性水的岩溶洼地地球化学障，中二叠统茅口组灰岩受东吴运动地壳抬升的影响，其顶部裸露地表并发生岩溶作用，形成喀斯特高地与喀斯特洼地的古地貌。因近滨岸潮坪，喀斯特洼地部分有积水。晴隆沙子地区玄武岩富钠贫钾，Na_2O 为 5.33%、K_2O 为 0.17%。富含钠的长石在喀斯特洼地水体中浸变解体，K^+ 进入黏土矿物中，Na^+ 溶解于水中，使区内有特殊的弱碱性水的喀斯特洼地地球化学障。加上该弱碱性水的岩溶洼地在地表氧化带，并有充足的氧气，为锐钛矿（TiO_2）的形成准备了充分的条件。这种喀斯特洼地水体被喀斯特高地地貌隔开，是一个个相对孤立的弱碱性水域，是特殊的地球化学障，为区内锐钛矿的形成提供了必要的环境条件。

区内成矿期有锐钛矿生成的低温低压条件。用 ETM Landsat-7 遥感数据，选取波段 7、4、1 组合合成遥感影像构造解译结果，区内环型构造与线性构造较一致沿北东向展布，并与已探明的①、②、③号矿体在空间上有明显重叠。根据区域资料分析，矿区所在位置正置弥勒—师宗断裂影响带上，推测玄武岩喷发期有可能是局部热源区，再者玄武岩喷发高温火山物质落入喀斯特洼地水解形成地表热水。根据喀斯特洼地火山碎屑沉积物厚度推测，当时的水体有数十米深，具有一定的静压力，为低温低压环境，满足锐钛矿的生成条件。

（5）本书讨论了晴隆沙子锐钛矿矿床形成机理并初步建立成矿模型。贵州西部峨眉山玄武岩为高钛玄武岩，Ti^{4+} 及 Sc^{3+} 呈异价类质同象进入辉石的硅氧四面体中，伴随峨眉山玄武岩强烈喷发的火山喷发物滚落流入水体浸变解体，辉石解离成绿泥石等，辉石中的 Ti^{4+} 从硅氧四面体中释放进入水体，于水体中的氧结合生成 TiO_2。

晴隆沙子一带中二叠统茅口组灰岩顶部有多个古地貌喀斯特高地与喀斯特洼地，因近滨岸潮坪，喀斯特洼地部分有积水。由于晴隆沙子地区玄武岩富钠贫钾，富含钠的长石等在喀斯特洼地水体中浸变解体，Na^+ 溶解于水中，使区内喀斯特洼地积水呈弱碱性水，为区内锐钛矿的形成提供了必要的环境条件。加上这类局限水体为低温低压环境，便生成较纯的锐钛矿（TiO_2）。由于单个喀斯特洼地水域局限，水体温度、压力及 pH 差异小；Ti^{4+} 及氧气浓度差异小，因此在单个喀斯特洼地中矿化均匀，矿石 TiO_2 品位变化系数均小于 20%。又由于茅口晚期沉积间断时间不长，茅口灰岩顶部喀斯特不强，喀斯特洼地起伏不大，矿层的厚度变化较稳定，其厚度变化系数均小于 50%。

各个锐钛矿矿体形成后，区内虽经历了晚二叠世及其以后的沉积、燕山期构造变动，由于均未达到区域变质及高温高压锐钛矿向金红石相变的环境，已形成的锐钛矿矿体被稳定保存。喜山期及新构造运动使锐钛矿矿体裸露地表，富含锐钛矿的玄武岩等硅酸盐岩石进一步遭受风化、淋滤分解成土，锐钛矿在土层中得到一定的富化。

沙子锐钛矿矿床为峨眉山玄武岩强烈喷发初期于茅口灰岩顶部喀斯特洼地低温、低压、弱碱性水体中火山碎屑化学沉积形成锐钛矿，经第四纪风化淋滤分解成土，锐钛矿及钪进一步富化形成残坡积型矿床。

（6）本书根据矿石氧化物全分析、稀土元素及微量元素等大量分析测试成果讨论矿床的地球化学特征。矿石主要氧化物与现代红土风化壳、贵州西部红土型金矿红土的主要特征相近。区内玄武岩与锐钛矿矿石的稀土元素特征研究表明：其两者有极强的亲源性。矿石中有两组微量元素组合，即 Au-Ag-As-Sb-Hg-Tl 组合及 Sc-TiO_2-Cu-Fe-Mn 组合。

第一组：Au-Ag-As-Sb-Hg-Tl 组合。此组合与贵州省西部红土型金矿矿石微量元素组合相同，反映锐钛矿的形成与区域背景峨眉山玄武岩喷发初期于茅口灰岩顶部大面积分布的硅质黏土岩形成一致，此硅质黏土岩是红土型金矿及锐钛矿形成的主要围岩之一。

第二组：Sc-TiO_2-Cu-Fe-Mn 组合。反映在区域背景下，局限水体的特征地球化学环境，即在地表强氧化带局限水体，富含铁、锰、钪、钛的玄武岩喷发物落入水体，经水解形成低温低压及弱碱性水环境，原玄武岩中的二价铁氧化为三价铁形成褐铁矿，原玄武岩中的二价锰氧化为三价或四价锰形成硬锰矿，钛在氧气供应充分、低温低压及弱碱性的环境下形成锐钛矿，Sc^{3+}随辉石等矿物的风化解体从岩石中释放出来，水体的 pH 对 Sc^{3+}有重要影响，在酸性溶液中，Sc^{3+}呈溶解态可随水体流失，在中性–碱性溶液中，则形成 $Sc(OH)_3$ 或 Sc_2O_3 胶体被黏土矿物吸附，使区内锐钛矿富含钪。由于铁、锰、钛、钪源于同一玄武岩，因此钪与钛、铁、锰相关水平较高：钪与铁相关系数为+0.9155，钪与锰相关系数为+0.7268，钪与钛相关系数为+0.6568。钪与锐钛矿形成同一机理，在同一空间富集成矿，且含 Ti、Sc 较高的玄武岩是沙子富钪锐钛矿的主要围岩。

（7）本书对比了同一区域中红土型金矿及残坡积红土富钪锐钛矿，并讨论了两类矿床成因的差异性。

①贵州西部红土型金矿矿床形成条件及成因。有富金的矿源岩，中二叠世末期至晚二叠世早期火山喷发，在中二叠统茅口灰岩古喀斯特面上沉积峨眉山玄武岩第一段黏土化玄武质火山角砾岩–火山碎屑岩–凝灰岩–茅口灰岩顶部含金硅化角砾岩，形成富金的矿源岩（大厂层）具 Au-Ag-As-Sb-Hg-Tl 组合。在中二叠统茅口灰岩古喀斯特浸蚀面上，发育有形状复杂的喀斯特微型洼地，深数米至近百米，其喀斯特微型洼地中有富金的矿源岩残存。在表生带常温常压环境下，大气降水、地表水、地下水等与古喀斯特浸蚀面上微型洼地中富金的矿源岩发生水–岩反应，经第四纪漫长的演化，形成红土，金从矿源岩中游离出来呈纳米级微细分散态和吸附态，游离金被红土吸附富集形成红土型金矿床。第四纪是金富集成矿的高峰期，也是红土型金矿的主成矿期。区内红土型金矿则是含金矿源岩于第四纪强烈红土化作用的矿床。

②晴隆沙子锐钛矿矿床形成条件及成因。研究区内含 Ti、Sc、Na 较高的峨眉山玄武岩提供了成矿物质，中二叠统茅口灰岩顶部形成古喀斯特高地与喀斯特洼

地。因近滨岸潮坪，喀斯特洼地有的有积水，并推测这类喀斯特洼地位于玄武岩浆喷发时的局部热源区，促使该区富钠贫钾的玄武岩浸变解体，K^+进入黏土矿物中，Na^+溶解于水体中，使其形成特殊的弱碱性水体。该弱碱性水的岩溶洼地在地表氧化带，有充足的氧气参与。在低温、低压、弱碱性水体中锐钛矿晶出、钪被玄武质黏土及褐铁矿等吸附，形成富钪的锐钛矿矿床。燕山期区内褶皱形成穹窿，直到第四纪地壳抬升，矿层裸露或近地表，风化淋滤部分围岩物质，如 Na^+、Ca^+、Mg^{2+} 等。锐钛矿钪矿在矿层红土化过程中得到进一步的富化，主要物源是玄武岩的浸变解体。晴隆沙子富钪锐钛矿矿床形成时期主要是中二叠世茅口晚期及第四纪两个时期。中二叠统茅口晚期贵州西部峨眉山玄武岩浆的第一喷发旋回是该矿床的主成矿期，第四纪强烈的风化淋滤使其进一步富集成矿。沙子富钪锐钛矿矿床成因为与峨眉山玄武岩喷发作用有关的低温热水沉积-残坡积矿床。

　　（8）本书进一步启示了峨眉地幔热柱对贵州西部多种矿产成矿的贡献及复杂性，为区内找矿开拓了新思路。

　　峨眉地幔热柱这种地球上特殊的巨大地质体，其岩性主要是镁铁质喷出岩及其相伴生的侵入岩，因其从地幔带出多种成矿元素及其强烈的火山作用动力与能量，其活动周期长、多旋回，带来的成矿物质多，使其成矿地质作用复杂，因此重新审视地幔热柱对成矿的贡献，已是若干地学者思考和研究的方向。仅贵州西部而言，前人诸多研究已证明与峨眉山玄武岩相关的，如贵州西部的玄武岩型铜矿——产于峨眉山玄武岩第二段下部气孔杏仁状拉斑玄武岩和第一段底部的凝灰岩中，有盘县官鸠坪铜矿、盘县中关睢铜矿、普定补堆场铜矿、关岭丙坝铜矿等（刘远辉，2006），峨眉山玄武岩组第三段、第四段自然铜及黑铜矿化的威宁黑山坡铜矿，贵州晴隆大厂锑矿、贵州贞丰水银洞金矿、贵州烂木厂铊矿、贵州晴隆老万场金矿、贵州安龙金矿、普安泥堡金矿、盘县水淹塘金矿、大方猫厂硫铁矿、贵州西北部玄武岩风化壳中的稀土矿（王伟等，2006）等，形成了贵州西部特殊的成矿带。

　　由于峨眉地幔热柱活动周期长、多旋回，再加上贵州西部复杂的古地形地貌，使玄武岩喷发的物质与当时地面接触的界面差异，形成不同矿产，贵州晴隆老万场金矿与晴隆沙子富钪锐钛矿就是如此。贵州西部峨眉山玄武岩强烈喷发的早期，炽热的玄武岩滚落在晴隆沙子数个喀斯特洼地中，随着喷发作用的持续进行，加上东边的海侵作用，贵州西部大面积火山-沉积作用形成金矿源岩（大厂层），金矿源岩同时覆盖了晴隆老万场及晴隆沙子地区。后期地质作用，第四纪两者双双裸露地表，老万场因金矿源层直接与茅口灰岩古喀斯特面接触，地表水下渗与金矿源岩发生强烈的淋滤作用，使其金富集成红土型金矿。而晴隆沙子则因金矿源层下还有玄武岩浸变的锐钛矿黏土、玄武岩残块等，地表水下渗淋滤作用不强，导致金不富集，而保存并富化原玄武岩浸变形成的锐钛矿。

所以，晴隆沙子锐钛矿矿床的形成机理研究进一步启示了研究者，认真审视贵州西部峨眉山玄武岩的成矿贡献及其复杂性，开拓找矿新思路，是本书的主要成果之一。

参 考 文 献

曹鸿水.1991.黔西南"大厂层"形成环境及其成矿作用的探讨 [J].贵州地质，8（1）：5–12.

陈景河，葛广福.2004.黔西南上二叠龙潭组层控卡林型金矿床的成因及与玄武质沉凝灰岩的关系 [J].黄金地质，25：19–24.

陈俊华.1994.戈塘金矿床地质特征及成矿条件/中国卡林型微细浸染型金矿 [M].南京：南京大学出版社.

陈平，柴东浩.1997.山西地块石炭纪铝土矿沉积地球化学研究 [M].太原：山西科学技术出版社.

陈世益，周芳.1994.论东南省区晚新生代玄武岩的铝土矿化 [J].轻金属，8：1–9.

陈文一，刘家仁，王中刚，等.2003.贵州峨眉山玄武岩喷发期的岩相古地理研究 [J].古地理学报，5（1）：17–28.

陈武，季寿元.1985.矿物学导论 [M].北京：地质出版社.

陈先沛，陈多福，李英，等.2000.热水沉积作用与超大型矿床–中国超大型矿床（Ⅰ） [M].北京：科学出版社.

冯春晖，张宗华.2005.云南某稀土矿提取氧化钪的研究 [J].云南冶金，34（3）：14–16.

冯济舟.2006.贵州省地球化学图的编制及其实用意义 [J].第四届贵州省地质矿产发展战略研讨会论文（内部）.

付绍洪，顾学祥，王乾，等.2004.黔西南水银洞金矿床载金黄铁矿标型特征 [J].矿物学报，24（1）：76–80.

高学东，王佩华.2008.锐钛矿和金红石的用途及市场价格 [J].矿床地质，27（4）：539–540.

高振敏，李红阳.2002.滇黔地区主要类型金矿的成矿和找矿 [M].北京：地质出版社.

高振敏，张乾，陶琰，等.2004.峨眉山地幔柱成矿作用分析 [J].矿物学报，24（2）：99–104.

贵州地质矿产局.1987.贵州省区域地质志 [M].北京：地质出版社.

郭远生，曾普胜，郭欣，等.2012.钪的有关问题暨滇中地区基性–超基性岩含钪性研究 [J].地球学报，33（5）：745–754.

郭振春.1994.贵州紫木凼金矿床地质特征及勘查实践–中国卡林型微细浸染型金矿 [M].南京：南京大学出版社.

郭振春.2002.黔西南灰家堡金矿田"两层楼"模式及找矿意义 [J].黄金地质，8（4）：18–23.

郭振春，周忠斌.2006.黔西南灰家堡背斜金矿勘查实践及"两层楼"模式的建立 [J].贵州地质，23（3）：176–186.

何立贤.1996.黔西南金矿"热、液、矿"同源成矿模式 [J].贵州地质，13（2）：154–160.

韩宝平.1998.微观喀斯特机理研究 [M].北京：地质出版社.

韩至均，盛学庸.1996.黔西南金矿及其成矿模式 [J].贵州地质，13（2）：146–153.

韩至钧，王砚耕，冯济舟，等.1999.黔西南金矿地质与勘查 [M].贵阳：贵州科技出版社.

侯增谦，陆纪仁，汪云亮，等.1999.峨眉火成岩省：结构、成因与特色 [J].地质评论，45：885–891.

侯宗林，杨庆德.1989.滇黔桂地区微细浸染型金矿成矿条件及成矿模式 [J].地质找矿论丛，4（3）：1–13.

黄开年，杨瑞英，王小春，等.1988.峨眉山玄武岩微量元素地球化学的初步研究 [J].岩石学报，4：49–60.

黄智龙，陈进，刘丛强，等.2001.峨眉山玄武岩与铅锌矿床成矿关系初探——以云南会泽铅锌矿床为例 [J].矿物学报，21（4）：681–688.

黎彤，倪守斌.1990.地球和地壳的化学元素丰度 [M].北京：地质出版社.

李力，姜锋，李汉广.2002.新世纪钪的应用开发和科技发展前景 [J].稀有金属与硬质合金，30（3）：38–41.

李景阳，朱立军，王朝富，等.1986.碳酸盐岩风化壳与喀斯特成土作用研究 [J].贵州地质，13（2）：139–145.

李景阳，王朝富，樊廷章.1991.试论碳酸盐岩风化壳与喀斯特成土作用 [J].中国岩溶，10（1）：29–37.

李文达，王文斌，程忠福，等.1995.华南红土化作用地球化学及红土型金矿形成的可能性 [M].北京：地质出版社.

李文亢，姜信顺，具然弘，等.1988.黔西南微细金矿床地质特征及成矿作用（中国金矿主要类型区域成矿条件文集 6——黔西南地区） [M].北京：地质出版社.

廖春生，徐刚，贾江涛，等. 2001. 新世纪的战略资源——钪的提取与应用 [J]. 中国稀土学报，4：289-297.

廖义玲，朱立军. 2004. 贵州碳酸盐岩红土 [M]. 贵阳：贵州人民出版社.

林草鹰. 1996. 黔西南"大厂层"含金性刍议 [J]. 黄金，17（2）：12-15.

林成河. 1994. 钪的工业及其市场 [J]. 世界有色金属，3：8-12.

林成河. 2010. 金属钪的资源及其发展现状 [J]. 四川有色金属，2：1-5.

林清，刘德汉. 1995. 黔西南金矿有机质地球化学研究 [J]. 地球化学，24（4）：402-408.

刘宝珺，张锦泉，叶红专. 1987. 黔西南中三叠世陆棚-斜坡沉积特征 [J]. 沉积学报，5（2）：1-15.

刘家军，刘建明，顾学祥，等. 2005. 黔西南微细粒浸染型金矿床的喷流沉积成因 [J]. 科学通报，19（42）：21-26.

刘建中. 2003. 贵州省水银洞金矿床矿石特征及金的赋存状态 [J]. 贵州地质，20（1）：30-34.

刘世友. 1995. 钪的资源、生产、应用与开发 [J]. 稀有金属与硬质合金，2：57-61.

刘显凡，苏文超，朱赖民，等. 1999. 滇黔桂微细粒浸染型金矿深源流体成矿机理探讨 [J]. 地质和勘探，35（1）：14-19.

刘显凡，吴德超，刘远辉，等. 2003. 黔西南低温成矿域中不同层位不同类型金矿的内在统一成矿机制探讨 [J]. 沉积与特提斯地质，23（3）：93-101.

刘巽峰，陶平. 2001. 贵州火山凝灰岩型金矿地质特征及找矿意义 [J]. 中国地质，28（1）：30-35.

刘英俊，马东升. 1991. 金的地球化学 [M]. 北京：科学出版社.

刘英俊，曹励明，李兆麟，等. 1984. 元素地球化学 [M]. 北京：科学出版社.

刘远辉. 2006. 贵州西南部与玄武岩有关的铜矿特征及找矿前景 [J]. 贵州地质，1（23）：57-61.

吕宪俊，程稀翱，周国华，等. 1992. 攀枝花铁矿石中钪的赋存状态研究 [J]. 矿冶工程，12（4）：35-39.

罗孝桓. 1993. 烂泥沟金矿区 F3 控矿断裂特征及构造成矿作用机理探讨 [J]. 贵州地质，1：16-20.

骆耀南. 1985. 中国攀枝花-西昌古裂谷带（中国攀西裂谷文集 1） [M]. 北京：地质出版社.

毛德明，张启厚，安树仁. 1992. 贵州西部峨眉山玄武岩及其有关矿产 [M]. 贵阳：贵州科技出版社.

聂爱国. 2009. 峨眉地幔热柱活动形成黔西南卡林型金矿成因机制 [M]. 贵阳：贵州科技出版社.

聂爱国，谢宏. 2004. 峨眉山玄武岩浆与贵州高神煤成因研究 [J]. 煤田地质与勘探，32（1）：8-10.

聂爱国，李俊海，欧文. 2008. 黔西南成矿特殊性研究 [J]. 黄金，29（3）：4-8.

聂爱国，秦德先，管代云，等. 2007. 峨眉山玄武岩浆喷发对贵州西部区域成矿贡献研究 [J]. 地质与勘探，43（2）：50-54.

聂爱国，张竹如，亢庚，等. 2011. 贵州首次发现残坡积型锐钛矿地质特征研究 [J]. 贵州大学学报（自然科学版），28（3）：41-44.

秦鼎. 1988. 中国金矿主要类型区域成矿条件 [M]. 北京：地质出版社.

沈文杰，张竹如，周永章，等. 2005. 贵州贞丰水银洞金矿含矿岩系元素地球化学特征 [J]. 地球化学，34（1）：88-96.

宋谢炎，侯增谦，汪云亮，等. 2002. 峨眉山玄武岩的地幔柱成因 [J]. 矿物岩石，22（4）：27-32.

宋谢炎，侯增谦，曹志敏，等. 2001. 峨眉大火成岩省的岩石地球化学特征及时限 [J]. 地质学报，75（4）：498-506.

苏文超，胡瑞忠，漆亮，等. 2001. 黔西南卡林型金矿床流体包裹体中微量元素研究 [J]. 地球化学，30（6）：512-516.

谭运金. 1994. 滇黔桂地区微细粒浸染型金矿床的矿床地球化学类型 [J]. 矿床地质，4：308-321.

陶平，朱华，陶勇，等. 2004. 黔西南凝灰岩型金矿的层控特征分析 [J]. 贵州地质，21（1）：30-37.

陶平，杜芳应，杜昌乾，等. 2005. 黔西南凝灰岩中金矿控矿因素概述 [J]. 地质和勘探，41（2）：12-16.

田毓龙，秦德先，林幼斌，等. 1999. 喷流热水沉积矿床研究的现状与进展 [J]. 昆明理工大学学报，24（1）：150-156.

涂光炽，霍明远. 1991. 金的经济地质学 [M]. 北京：科学出版社.

汪云亮. 1991. 中国西南二叠系玄武岩微量元素地球化学和岩浆起源模式研究 [J]. 地球科学进展，6（6）：87.

汪云亮，侯增谦，修淑芝，等. 1999. 峨眉火成岩省地幔柱热异常初探 [J]. 地质评论，45：876–879.

王立亭. 1994. 中国南方二叠纪岩相古地理与成矿作用 [M]. 北京：地质出版社.

王涛，刘淑文，隗合明，等. 2004. 热水沉积矿床研究的现状与趋势 [J]. 地球科学与环境学报，26（4）：6–10.

王伟，杨瑞东，鲍淼，等. 2006. 贵州峨眉山玄武岩区风化壳与成矿关系 [J]. 贵州大学学报（自然科学版），4（23）：366–370.

王砚耕，王尚彦. 2003. 峨眉山大火成岩省与玄武岩铜矿——以贵州二叠纪玄武岩分布区为例 [J]. 贵州地质，20（1）：4–10.

王砚耕，陈履安，李兴中，等. 2000. 贵州西南部红土型金矿 [M]. 贵阳：贵州科技出版社.

王中刚，于学元，赵振华，等. 1989. 稀土元素地球化学 [M]. 北京：科学出版社.

徐刚. 我国镓资源开发利用的战略思考. 中国选矿技术网，2007-8-14.http：//www.mining120.com/html/0708/20070814_10150.asp.

徐义刚. 2002. 地幔柱构造、大火成岩省及其地质效应 [J]. 地学前缘，9（4）：341–352.

徐义刚，钟孙霖. 2001. 峨眉山大火成岩省：地幔柱活动的证据及其熔融条件 [J]. 地球化学，30（1）：1–9.

徐义刚，梅厚钧，许继峰，等. 2003. 峨眉山火成岩省中两类岩浆分异趋势及其成因 [J]. 科学通报，48（4）：383–387.

薛春纪. 1990. 热水沉积岩及识别标志，中国科学院矿床地球化学开放研究实验，矿床地质和矿床地球化学研究新进展 [M]. 兰州：兰州大学出版社.

薛春纪，祁思敬，郑明华，等. 2000. 热水沉积研究及相关科学问题 [J]. 矿物岩石地球化学同通报，19（3）：155–163.

杨科佑. 1994. 滇黔桂地区卡林型金矿的地球化学特征及找矿远景 [M]. 北京：地震出版社.

杨瑞东. 1990. 贵州晚二叠世硅质岩类型及其沉积地球化学环境 [J]. 贵州地质，7（2）：171–175.

杨元根，刘世荣，金志升. 2004. 贵州老万场金矿床红土化作用及对金赋存状态的制约 [J]. 地球化学，33（4）：414–422.

曾允孚，夏文杰. 1986. 沉积岩石学 [M]. 北京：地质出版社.

赵一鸣，李大新，陈文明，等. 2006. 内蒙古羊蹄子山沉积变质型钛矿床一个新的钛矿床类型的发现 [J]. 矿床地质，2：113–122.

赵一鸣，李大新，吴良士，等. 2008a. 内蒙古正蓝旗羊蹄子山–磨石山钛矿区两种不同成因类型的锐钛矿富矿体 [J]. 矿床地质，4：459–465.

赵一鸣，李大新，韩景仪，等. 2008b. 内蒙古羊蹄子山–磨石山钛矿床锐钛矿、金红石和钛铁矿的矿物学特征 [J]. 矿床地质，4：466–473.

赵一鸣，李大新，吴良士，等. 2012. 内蒙古磨石山沉积变质型锐钛矿矿床——一个大型新类型钛矿床的发现、勘查和研究 [J]. 地质学报，9：1350–1366.

张成江，刘家铎. 2004. 峨眉火成岩省成矿效应初探 [J]. 矿物岩石，24（1）：5–9.

张贻侠. 1959. 关于镓的某些地球化学资料 [J]. 地质科学，11：345–348.

张玉学. 1997. 分散元素镓的矿床类型与研究前景 [J]. 地质地球化学，4：93–96.

张正伟，程占东，朱炳泉，等. 2004. 峨眉山玄武岩组铜矿化与层位关系研究 [J]. 地球学报，25（5）：503–508.

张竹如，沈文杰，唐波，等. 2004. 水银洞金矿矿容矿岩石特征及其对金矿床形成作用的讨论 [J]. 贵州地质，21（4）：229–234.

郑启铃，张明发，陈代全. 1989. 黔西南微细金矿控矿条件（中国金矿主要类型区域成矿条件文集 6——黔西南地区）[M]. 北京：地质出版社.

周玲棣，高振敏，郑学正. 1986. 巴西碱性岩地质概况 [J]. 地球与环境，5：64-69.

朱立军，李景阳. 2004. 碳酸盐岩风化成土作用及其环境效应 [M]. 北京：地质出版社.

朱赖民，胡瑞忠，刘显凡，等. 1997. 关于黔西南微细粒型金矿成因的一些认识 [J]. 矿产与地质，11（5）：296-302.

朱敏杰，沈春英，邱泰. 2006. 稀有元素钪的研究现状 [J]. 材料导报，20（S1）：379-381.

朱智华. 2010. 云南牟定二台坡岩体中钪的发现及其意义 [J]. 云南地质，29（3）：235-244.

Cordier D J. 2011. Scandium Mineral Commodity Summaries. U.S. Geological Survey.

Cotton F A, Wilkinson G, Bochmann M, et al. 1988. Advanced inorganic chemistry [M]. 5th ed, New York: Wiley Inter Science

Davidson C J. 1992. Hydrothermal geochemistry and ore genesis of sea floor volcanogenic copper bearing oxide ores [J]. Econ Geol, 87（3）：889-912.

Doucet S, Synthese D L. 1967. Synthesis of wolframite, Cassiterite, and anatase at low temperature [J]. Bulletin de la societe Francaise de Mineralogie et de Cristallographie, 90（1）：111-112.

Force E R. 1991. Geology of titanium-mineral deposits [A]. The geological society of America, special paper [C]. 259：1-112.

Goldsmith R, Force E R. 1978. Distribution of rutile in metamorphic rocks and implications for placer deposits [J]. Mineralium Deposita, 13：329-343.

Guo G Y, Chen Y L, Li Y. 1988. Solvent extraction of scandium from wolframite residue [J]. JOM, 40（7）：28-31.

Hebert E, Gauthier M. 2007. Unconventional rutile deposits in the Quebec Appalachians: product of hypogene enrichment during low-grade metamorphism [J]. Economic Geology and the Bulletin of the Society of Economic Geologists, 102（2）：319-326.

Hedrick J B. 2010. Scandium mineral commodity summaries. U.S. Geological Survey.

Irvien J T S, Politova T, Zakowsky N, et al. 2005. Scandia-Zirconia electrolytes and electrodes for SOFCS [C] .In: Proceedings of the NATO Advanced Research Workshop on Fuel Cell Technologies: State and Perspectives. Kyiv, Ukraine, 202：35-47

Jackson J C, Horton J W, Chou I M, et al. 2006. A shock induced polymorph of anatase and rutile from the Chesapeake Bay impact structure, Virginia, U.S.A [J]. American Mineralogist, 91：604-608.

Shalomeev V A, Lysenko N A, Tsivirko E I, et al. 2008. Structure and properties of magnesium alloys with scandium [J]. Metal Science and Heat Treatment, 50（1-2）：34-37.

Turner R. 1986. Brazilian titanium [J]. Engineering and Mining Journal, 187：40-42.

Xu Y G, Chung S L, Jahn B M, et al. 2001. Petrological and geochemical constraints on the petrogenesis of the Permo-Triassic Emeishan flood basalts in southwestern China Lithos, 58：145-168.

Винчелл А Н, Винчёел Г. 1953. Оптическая минералогия [M]. Изц. Иностранной Литературы, Москва, Стр.

图 版

照片 1　残坡积 (Q^{edl}) 红色黏土及亚黏土，嵌入石芽、溶沟等微型喀斯特洼地中，是锐钛矿、钪矿的主要产出层位

照片 2　残坡积 (Q^{edl}) 红色黏土及亚黏土，嵌入石芽、溶沟等微型喀斯特洼地中

照片 3　残坡积 (Q^{edl}) 红色黏土及亚黏土，嵌入石芽、溶沟等微型喀斯特洼地中，是锐钛矿、钪矿的主要产出层位

照片 4　残坡积 (Q^{edl}) 红色黏土及亚黏土，嵌入石芽、溶沟等微型喀斯特形态中，是锐钛矿、钪矿的主要产出层位

照片 5　含大量䗴科化石的茅口组顶部灰岩

照片 6　含大量䗴科化石的茅口组顶部灰岩

照片 7　地层倾角平缓，在 14°~19°变化

照片 8　茅口灰岩微型褶曲

照片 9　F1 断层面

照片 10　F2 断层面

照片 11　茅口灰岩沿垂直裂隙发育的落水洞

照片 12　茅口灰岩沿垂直裂隙发育的落水洞

照片 13　①号矿体位于海拔 1365.70~1406.29m 的喀斯特丘丛上

照片 14　②号矿体位于海拔 1338.90~1453.53m 的喀斯特丘丛及斜坡上的微型洼地中

照片 15　③号矿体位于海拔 1491.16~1498.45m 的喀斯特丘丛上

照片 16　矿区玄武岩

照片 17　矿区玄武岩

照片 18　矿区玄武岩上残留的浸变黏土化

照片 19　矿区玄武岩上残留的淬火现象

照片 20　矿区玄武岩上残留的淬火现象

照片 21　矿区玄武岩上残留的淬火现象

照片 22　褐铁矿化玄武岩

照片 23　褐铁矿化硅质岩

照片 24　凝灰岩及硅质岩

照片 25　块状凝灰岩

照片 26　矿体中的凝灰岩与硅质岩

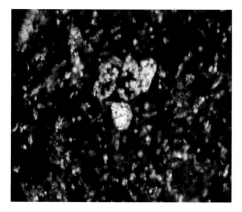

照片 27　玄武岩中的辉石已绿泥石化
薄片 10×10 （+）

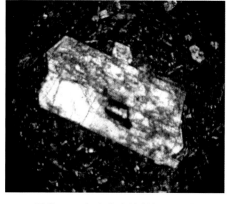

照片 28　玄武岩中的斜长石斑晶
薄片 10×10 （+）

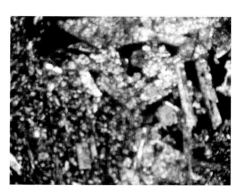

照片 29　玄武岩保留有玄武岩辉绿结构
薄片 10×10 （+）

照片 30　玄武岩中斜长石 (Pl) 搭成的格架间
充填他形粒状矿物和隐晶质, 构成蚀变间粒间
隐结构。透射单偏光, 标尺每小格 0.01mm

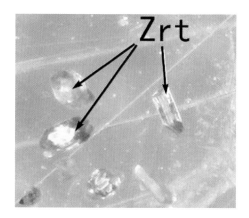

照片 31　锆石 (Zrt) 的体视显微镜照片

照片 32　电气石 (Tur) 和绿帘石 (Ep) 的体视
显微镜照片

照片 33 ①号富钪锐钛矿矿体：产于茅口灰岩顶部喀斯特洼地红土中-①号矿体露头

照片 34 ②号富钪锐钛矿矿体

照片 35 ②号富钪锐钛矿矿体

照片 36 ③号富钪锐钛矿矿体施工现场

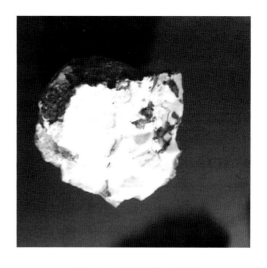

照片 37　高岭土化、褐铁矿化并具层状层理
硅质岩矿石

照片 38　高岭石块状矿石

照片 39　褐铁矿化多孔状硅质岩矿石

照片 40　褐铁矿化碎裂状硅质岩矿石

照片 41　铁锰氧化、高岭土化角砾状土状矿石

照片 42　硬锰矿高岭土硅质岩角砾状矿石

照片 43　黏土化玄武质沉火山碎屑岩松散状矿石

照片 44　钻孔中黏土化玄武质沉火山碎屑岩松散状土状矿石

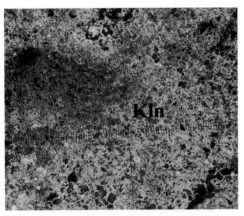

照片 45　高岭石（Kln）等黏土矿物，粒度小于0.004mm，部分泥质具重结晶现象，重结晶成绢云母、绿泥石等矿物，构成矿石的泥质结构。透射单偏光，标尺每小格0.01mm

照片 46　泥晶状的高岭石（Kln）透射单偏光

照片 47　泥晶状的高岭石（Kln）透射单偏光

照片 48　显微鳞片状的绿泥石（Chl）透射正交偏光

照片 49　显微鳞片状的绢云母（Ser）透射正交偏光

照片50　显微鳞片状的绢云母 (Ser)，集合体具板条状长石矿物假像。透射正交偏光，标尺每小格 0.01mm

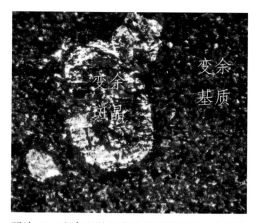

照片 51　变余斑晶具溶蚀和聚斑现象，基质为黏土矿物、长石和铁质。透射单偏光，标尺每小格 0.01mm

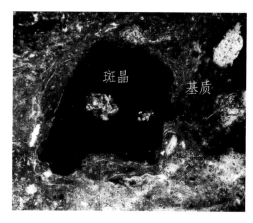

照片52　变余斑晶主要为铁泥质，基质为黏土矿物。透射单偏光，标尺每小格 0.01mm

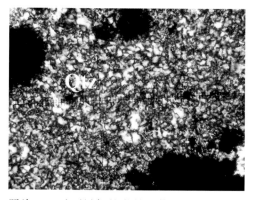

照片 53　矿石局部的微晶石英 (Qtz)，颗粒之间彼此镶嵌状分布，边缘黑色部分为铁泥质，构成矿石的微晶结构。透射正交偏光，标尺每小格 0.01mm

照片54　菱面体矿物假像状褐铁矿 (Lm)，为菱铁矿蚀变；部分绢云母集合体具板条状长石矿物假象。反射单偏光，标尺每小格为 0.006mm。

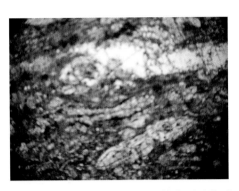

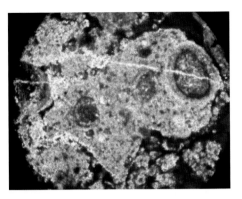

照片 55　火山凝灰岩中可见生物化石及化石外壳黑边，并被褐铁矿化交代结构。薄片 10×20（－）

照片 56　火山凝灰岩中见生物化石及化石外壳黑边，并被褐铁矿化。交代残余结构。薄片 10×20（－）

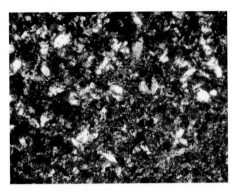

照片 57　蚀变填间结构：碎屑颗粒要是石英，棱角状，粒度为 0.01~0.05mm，填隙物为铁泥质。透射正交偏光

照片 58　细砂结构：浅色部分为碎屑颗粒，暗色部分为填隙物。透射单偏光，标尺每小格 0.01mm

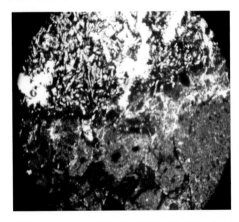

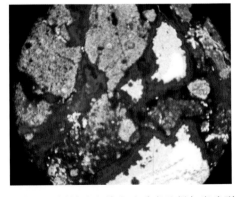

照片 59　火山凝灰岩与晶屑凝灰岩呈微层理，火山凝灰岩中见生物化石并被褐铁矿化。交代残余结构。薄片 10×10，透射单偏光

照片 60　褐铁矿充填在硅质岩及凝灰岩碎裂的岩缝中，多呈皮壳状的碎斑结构。薄片 10×10，透射单偏光

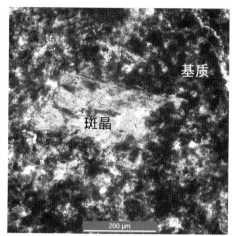

照片 61　矿石中的变余斑晶和基质，透射单偏光

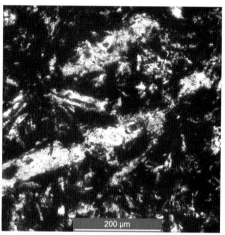

照片 62　矿石中的蚀变填间结构，透射单偏光

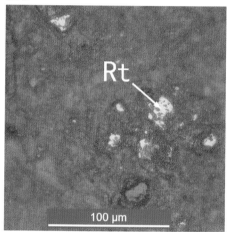

照片 63　锐钛矿（Rt）与脉石连生，反射单偏光

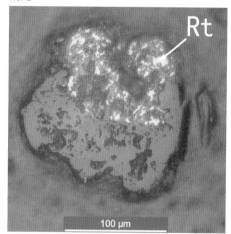

照片 64　锐钛矿（Rt）与脉石连生，反射单偏光

照片 65　锐钛矿（Rt）分布在脉石裂隙之间，反射单偏光

照片 66　锐钛矿（Rt）与高岭石（Kln）连生，反射单偏光

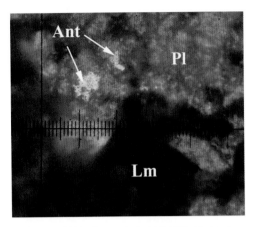

照片 67 斜长石 (Pl) 中包裹的锐钛矿 (Ant)，反射单偏光，标尺每小格 0.006mm

照片 68 人工重砂中的锐钛矿，体视显微镜照片

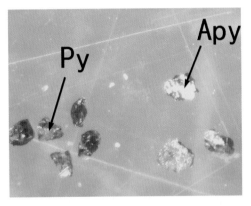

照片 69 毒砂 (Apy) 和黄铁矿 (Py) 的体视显微镜照片，反射单偏光，标尺每小格 0.006mm

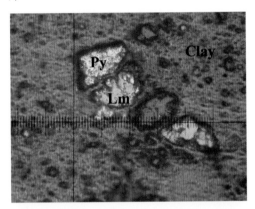

照片 70 泥质中的黄铁矿 (Py)，部分蚀变为褐铁矿 (Lm)

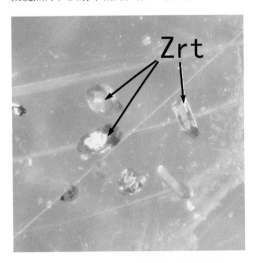

照片 71 锆石 (Zrt) 的体视显微镜照片

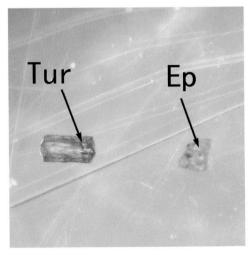

照片 72 电气石 (Tur) 和绿帘石 (Ep) 的体视显微镜照片

照片 73　他形粒状的褐铁矿 (Lm)，反射单偏光

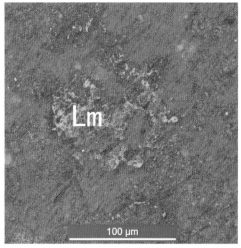

照片 74　褐铁矿 (Lm) 浸染其他矿物，反射单偏光

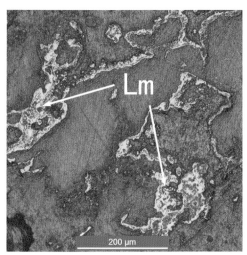

照片 75　矿石中胶状的褐铁矿 (Lm)，皮壳状分布。反射单偏光

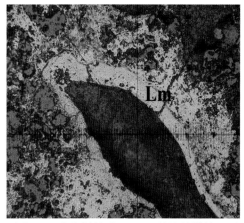

照片 76　胶态褐铁矿 (Lm)，偶见的结构。反射单偏光，标尺每小格 0.006mm

照片 77　不规则形状的褐铁矿 (Lm)，反射单偏光，标尺每小格0.006mm

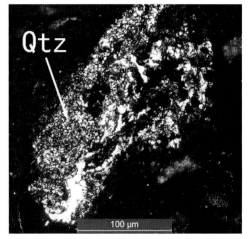

照片 78　微晶状的石英 (Qtz) 集合体，透射正交偏光

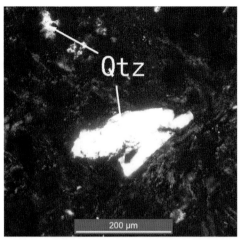

照片 79　碎屑状的石英 (Qtz) 颗粒，反射单偏光

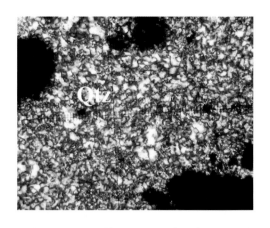

照片 80　微晶石英 (Qtz)，边缘黑色部分为铁泥质。透射正交偏光，标尺每小格 0.01mm

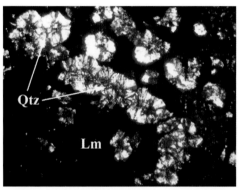

照片 81　放射球粒状的石英 (Qtz) 生长于褐铁矿 (Lm) 边缘。透射正交偏光，标尺每小格 0.01mm。

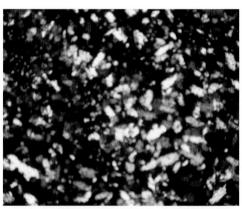

照片 82　氧化锰充填在硅质岩的自生石英晶体间隙中。透射正交偏光，标尺每小格 0.01mm

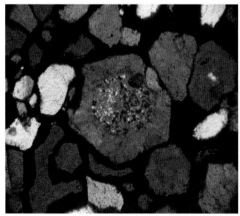

照片 83　自生石英包裹早期微细粒石英及泥质形成雾心结构。薄片 10×20（+）

照片 84　自生石英的晶体间隙中，见褐铁矿化薄片 10×5（+）

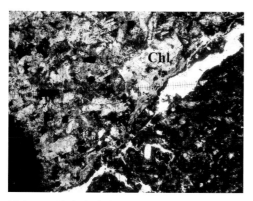

照片 85　蚀变玄武岩边缘的绿泥石 (Chl)。透射单偏光，标尺每小格 0.01mm。

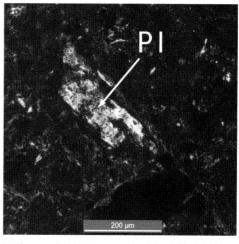

照片 86　斜长石 (Pl)，矿石中胶状的褐铁矿 (Lm)，皮壳状分布。反射单偏光

照片 87　斜长石 (Pl) 搭成的格架间充填他形粒状矿物和隐晶质。透射单偏光，标尺每小格 0.01mm。